周医生健康加油站

粗粮煮意

周祥俊 著

北京时代华文书局

图书在版编目（CIP）数据

粗粮煮意 / 周祥俊著 . -- 北京 ： 北京时代华文书局，2018.8
ISBN 978-7-5699-2561-6

Ⅰ . ①粗… Ⅱ . ①周… Ⅲ . ①杂粮—食谱 Ⅳ . ① TS972.13

中国版本图书馆 CIP 数据核字 (2018) 第 182082 号

粗 粮 煮 意

Culiang Zhuyi

著　　者｜周祥俊

出 版 人｜王训海
责任编辑｜石乃月
装帧设计｜叶　子　艾　迪
责任印制｜刘　银　范玉洁

出版发行｜北京时代华文书局 http://www.bjsdsj.com.cn
　　　　　北京市东城区安定门外大街 136 号皇城国际大厦 A 座 8 楼
　　　　　邮编：100011　电话：010 - 64267955　64267677

印　　刷｜北京盛通印刷股份有限公司　010-52249876
　　　　　（如发现印装质量问题，请与印刷厂联系调换）

开　　本｜787mm×1092mm　1/16　印　张｜11.5　字　数｜163 千字
版　　次｜2018 年 8 月第 1 版　印　次｜2018 年 8 月第 1 次印刷
书　　号｜ISBN 978-7-5699-2561-6
定　　价｜58.00 元

以预防为导向， 从膳食入手

当我接到 《粗粮煮意》 这本书的初稿时， 我心里充满好奇， 是什么样的初衷， 让一名家庭医生在繁忙的工作之余， 抽出时间写一本粗粮食用的创意食谱。 带着这个小心思， 我和周祥俊医师聊了起来。 周医生表示在平时工作中， 他的签约居民常常会问： "医生， 听说吃粗粮有利健康， 那该吃什么粗粮? 怎么吃较妥?" 当向他们给出答案后第二个问题又来了： "医生， 这很难吃， 很难做到耶!" 的确， 这是我们医生常常遇到的。 授人以鱼不如授人以渔， 周祥俊医生说为了帮助居民解决在粗粮食用时遇到的诸如此类问题， 他萌发了创作这本书的想法， 为大家提供可看性粗粮食谱。 医生不是美食家， 很多营养丰富的食材却不够美味， 因此如何把这些食材做成色香味俱全的佳肴， 确实是个难题， 而粗粮就是一个典型。 健康与膳食息息相关， 并且很多疾病的发生、 发展和治疗都与 "是否吃对食物" 有一定的关系。 对于致残率及死亡率高的常见慢性病诸如高血压、 冠心病、 糖尿病、 肿瘤、 痛风及骨关节等疾病， 饮食更是作为预防及治疗手段之一。

本书把粗粮和二十四节气中前十二个节气的时令菜品相结合。 每个节气六道菜， 共七十二道。 每道的做法都改变了传统粗粮做法的经验， 是创意和用心组合后的结果， 真正体现粗粮精做的内涵。 另外周医生还对每一道菜中的粗粮和食材进行营养介绍以及烹饪方式推荐， 尤其还制作了相关短视频， 提供多形式的阅读渠道。 在每个节气总论中还描述不同节气常见病的病因和预防措施， 推荐时令饮食， 辅以保健操， 以这样的形式完成十二个节气的内容。 这不仅把健康四大基石中合理膳食的内容进行细化， 还对疾病的一级预防做了具体指导。

周祥俊是一位家庭医生， 他以预防为导向， 从膳食入手， 将解决 "居民不会使用粗粮" 这个合理膳食中常见的问题作为创造这本书的初衷， 让我甚为欣慰。

掩卷静思， 本书的特点是什么？ 周医生在本书中不但向广大读者介绍了唾手可得的粗粮， 还教授其搭配及制作精髓。 我想如果一位社区中的母亲读懂及学会这些粗粮食谱的制作方法， 那不仅仅是个人获益， 还会影响其家庭成员、 亲朋好友， 以及其生活的社区内的左邻右舍。 为此我郑重向大家推荐这本 《粗粮煮意》， 让我们每个人都能学会一些管理自己健康的技能。

复旦大学上海医学院全科医学系教授

WONCA 亚太区常委、 独立委员

《中华全科医师杂志》 总编

祝墡珠

来自家庭医生的贴心照顾——粗粮煮意

非常高兴看到周祥俊医生创作的《粗粮煮意》和广大的居民朋友见面。这是一份来自长宁家庭医生对签约居民最贴心的照顾。

长宁的家庭医生制度改革十年了，它所迸发出的力量让每一个身在其中的参与者都充满激情，深刻地影响着所有生活和工作在这里的每一个人，不仅仅是社区居民，还包括每一个医务工作者。这本书的作者周祥俊医生就是我们的其中一员。作为最基层的家庭医生工作室负责人，周医生从签约居民的健康和需求出发，以膳食为抓手，把粗粮食用和节气养生这两个生活中大家都会遇到的问题用这本书做出了精彩的解答。生动地体现了作为健康守门人的家庭医生在管健康、管费用，预防、治疗两手抓的负责任的态度。

家庭医生是签约居民最直接的健康管理者，彼此间的信赖就构筑在这点点滴滴最贴心的照顾和关怀上。这本书清晰地阐述了粗粮食用中的各项要点，各节气中常见病的病症和预防措施，再加上美食家陈鸿先生精心创作的创意食谱，把健康与美味巧妙地结合起来。同时还提供短视频讲解，给予不同的居民朋友可选择的阅读方式，其便利、实用和可及的指导处处都透露着作者的贴心。

民以食为天，选对食物才能吃出健康。我想此书不该只惠及周医生的签约居民，还应该惠及长宁的家庭医生签约居民和更广大的老百姓。让大家不仅仅感受到周祥俊医生的这份照顾，还有来自长宁的家庭医生和所有医务工作者这份有温度的照顾。长宁家庭医生制度改革只有进行时，离不开你，离不开我，离不开所有人，让我们一起为这份事业努力奋斗。

上海市长宁区卫计委主任　葛敏

健康鸿食代， 反朴归真 Home Style

出道至今数十寒暑， 《阿鸿上菜》 仍是大家最耳熟能详的代表作， 走在路上， 经常会有人问我： "阿鸿， 你今天要上什么菜？" 或是 "阿鸿， 为什么你那么会煮菜？" 其实我会煮菜， 和家庭背景有很大的关联——我阿公家是卖米的， 我外婆家是卖盐的， 柴米油盐民生大事， 我们家族就占了一半。客人来买东西， 聊的是美食的做法； 往来应酬聚会， 大多是在家中办席设宴。 耳濡目染之下， 我便学会了如何用物美价廉的材料， 创作出一道道抚慰人心的料理。

我想人生在世， 最快速获得满足的方式就是吃， 正所谓饮食男女， 由食道通往肠道， 几乎是追求幸福的最短道路了。 还记得小时候， 我最喜欢黏着母亲， 看着她在厨房里洗洗切切， 趁着菜还没端上桌前， 偷偷揩油一块， 就是我童年生活中的小确幸了。 而现代人生活普遍忙碌， 什么事情都外包， 就连煮食这件事， 也经常是由餐馆或便利商店的微波炉代劳了。 我们被大众主流商业通路喂养， 习惯于吃快餐、 吃洋食， 习惯于重口味的添加物， 习惯于补充各种合成营养剂。 偶尔吃到纯天然、 无添加的食物， 味蕾反倒不习惯， 反而觉得不好吃了。

满足口腹之欲， 是人最基本的需求， 但是在追求美味之余， 还必须兼顾健康， 才能达到以食养人、 以食养生、 以食养寿的良好效果。 日本是著名的养生大国， 自古就有所谓的 "旬味料理"， 指的是以节令中盛产的农、 渔获入菜，合于季节的味道，蕴藏着丰富的季节能量。从旬味料理当中，你能吃到第一口的新鲜、第一口的生命原力，也就是我们中国人所说的"接地气"，只要是在地的新鲜滋味，就是最棒的季节旬味。

而这本《粗粮煮意》，与旬味料理有异曲同工之妙，融合我们中国人传统二十四节气的养生理论，强调反璞归真，用粗粮来帮助达到体内环保的功效，让大家能吃美味、享健康、少负担，愈吃愈顺口，愈简单愈有味。在食谱菜色方面，尽量设计得轻松易懂、容易操作，目的是希望让每个人都能动手试试看。在不同的季节，用随手可得的食材，烹调出别具幸福感的料理——这就是我从早年《阿鸿上菜》到近年《陈鸿养生厨房》一直强调的Home Style：鸿食代的家庭味。

成书有赖于阵容坚强的团队成员通力合作。其中特别感恩能与上海长宁区新泾镇社区卫生服务中心、荣获"上海市十佳居民健康自我管理指导医生"荣誉的周祥俊医师合作，他提供给读者最专业的医学观念以及保健养生常识；还有任职于台北假日饭店、厨艺和创造力皆为业界模范的小黑主厨郭家宇，他精心为我们演绎出书中精彩的72款创意菜式；以及这过程中给予帮助的所有朋友。感恩，有你们真好！

陈鸿

从田间到餐桌， 精心细作

听着鸿哥介绍健康养生食疗专家周医师用五谷杂粮配餐， 给病人以食疗治病， 我很兴奋。 我和周医师畅谈自己专注于健康有机养生农产品道路上的匠心， 而周医师毫无保留地与我分享他的营养配餐经验。 我们越聊越投缘， 志同道合形成了这本书的合作契机， 希望能让大家受益， 健康长寿。

民以食为天， 食以安为先。 在中国人的食谱里， 大米、 五谷杂粮为主食。 在哈尔滨市政府的支持下， e 亩良田获得黑龙江五常市 5000 亩有机大米种植基地， 种植有机稻花香。e 亩良田选用最好的种子， 要求品质安全、 健康。 五常稻花香种植在有机土壤中， 全程实施人工种植、 人工除草、 人工收割。 田间青蛙鼓噪， 蜻蜓徘徊； 稻鸭逡巡， 田蟹于水中自得。 天人合一， 道法自然。 至深秋季节， 天地高阔， 清风徐徐， 金黄遍野， 稻穗流香， 又是一个丰收的好景。 独特的有机黑土壤、 气候条件与独特的空气水源， 最好的阳光， 最长的光照时间， 一年一季稻， 五常大米就是这样得天独厚。 打下的稻谷经严格检测， 真正实现有机标准。 慢工出细活， 是谓匠心精神。

饮食保健， 五谷的养生功效不可小觑。 五谷是我们人体所必需的营养物质， 也是我们饮食中不可缺少的一部分。 在古代的时候就有 "一谷补一脏" 的说法。 而在中医看来， 五谷不仅仅是一种主食， 还可以作为养生药膳里面的好材料。e 亩良田坚持有地理标识的产区， 当地最好的农特优产品， 插下 e 亩良田的多面旗帜， 建立多处优质农特的五谷杂粮产品种植基地， 希望给大家带来养生健康的好产品。

2014 年底，e 亩良田项目在上海环球金融中心举行发布仪式。5000 亩五常有机稻花香被认购一空。企业高管、商界精英、行业领袖等社会知名人士，同时也有多家商会组织、上市公司、集团企业，个性化定制专属自己的产品，有了企业自己的 LOGO、商标名称，自己最好的农特优产品，给亲朋好友送健康送温暖。

好的农产品，是人们舌尖上的美好感受，实现服务更高层次的需求。品放心粮油，享健康生活，这就是健康身体的源泉。周医师与鸿哥在《粗粮煮意》这本书里，把各个时节的当令食材，搭配 e 亩良田大米、五谷杂粮等主粮配餐，提高食材美味。这本书不单单是一般的食谱，更多的是节令旬味概念，方便读者运用随手可得的当令食材搭配粗粮，轻松吃出活力、安全、健康、养生与美味。

从田间到餐桌，精心细作，e 亩良田让正宗优质农产品走进千家万户，成为"消费者身边的私人养生专家"，田间直供餐桌，更要提供有助于消费者对健康体魄向往的服务，才能给消费者创造更高的价值。这就是 e 亩良田的全新使命：不忘初心，打造食疗养生健康产业，为食者造福。

e 亩良田董事长　蔡红专

反璞归真的粗粮煮意

跟陈鸿结缘， 肇始于2005年。 当时格林文化代表新闻局， 邀请陈鸿到德国的法兰克福书展， 作为中国台湾馆代言人， 推广台湾美食创意。 看到他从推广美食， 介绍当地老店、 小吃， 到提出 "鸿食代" （Home Style）， 把注意力越来越集中在日常生活上。 今年， 他和周祥俊医生推出了 "粗粮煮意" 的养生新观念， 更让我感佩于他一直在成长、 进化， 从精雕细琢走入反璞归真！

其实现在的台湾省， 只要肯花钱， 一年四季都可以买到各种食材， 于是大家渐渐忘了节气， 以及真正属于当季盛产的食材是什么。 陈鸿和周祥俊医生提出的 "粗粮煮意"， 让我们重新重视正月葱、 二月韭这些老祖宗口中的当季养生食材。

八年前我罹患癌症， 姐姐从德国回台湾照顾我。 当时正值冬季， 她最常使用马铃薯炖煮玉米、 洋葱， 只放一点盐巴， 其他什么调味料也不放。 姐姐说， 台湾真好， 市场有各式各样的蔬果， 但是德国冰天雪地， 什么也买不到， 冬天只能吃冬天才生长的蔬果， 面包也要吃五谷杂粮做的硬面包。 她说， 这是欧洲人最喜欢的自然养生法， 不加工、 不放调味料， 才吃得到食物的真滋味。 于是我吃了整整一个月的马铃薯蔬菜汤， 居然没有反胃呕吐， 身体也渐渐痊愈了。 现在回想， 那时我老姐奉行的不就是 "粗粮煮意" 吗？ ——不过她做的菜千篇一律， 吃久了颇无聊， 跟陈鸿千变万化的料理比起来， 实在差太多了！

这本书里， 美食达人陈鸿和上海长宁新泾医院的周祥俊医生， 这两位好友相互提携， 一位示范料理， 一位分析解说， 使我们吃得开心、 吃得健康。 感谢他们提供七十二道创意菜， 与大家分享。

看书中的料理， 好像很简单。 嗯！不废话， 赶快按图索骥， 自己做做看吧！

格林文化副总经理　张玲玲

源自大自然的采红撷绿——粗粮煮意

　　《粗粮煮意》是我的第一本作品。很多朋友都会问我：为什么一名西医全科医生会创造一本粗粮食谱？每每谈到这个部分，最重要的原因是作为一名家庭医生，想提供给患者借助食物补给身体、预防疾病的方法，食物是最好的医药，选对食材才能吃出健康。

　　但回想之，还有很多缘由冥冥中在推动我，当每一个缘分具足后它就发生了。最初我想应该追溯到大学时代。我的中医学教授，一位鹤发童颜、气质儒雅的老学者，我清晰地记得他所提到的自己的养生秘诀 "一碗豆粥"，他常以杂豆为材，采红撷绿，早食豆粥，以此养生。当时我已印象深刻，但原因直到毕业前才明白，因为我的毕业题目是研究大豆中大豆异黄酮与雌激素的相关性。原来大豆中含有大量的大豆异黄酮，属于类雌激素，有美颜之功效，教授不就是选对了食物吗？再后来做家庭医生，在社区中签约居民对各类疾病的饮食、养生、食疗宣教最为欢迎。大家普遍对如何选对食材，以达到防病、保健、治病之目的非常重视。可新的问题也来了："周医生，这些粗粮该怎么做才好吃呢？""粗粮口感差，我们很难坚持食用。"带着患者的困惑和解决问题的需求，我请教了很多老师，参阅了大量资料，最终用五年时间完成了这本食谱。

　　春夏秋冬每个节气有不同的气候特点，这些特点不仅影响疾病的发生，也对身体保健提出不同的要求。当然不同节气还有随之孕育而生的食材，只是现代人似乎已经很难分辨时令菜有什么了，至于这些食材和养生保健、防病治病的关系，就更无从谈起了。我们把粗粮与时令菜品搭配一同表现，呈现出采红撷绿、色香味俱全的创意料理。把预防、营养和美味三者巧妙地融合，为的是让大家真正地感受到"天生我材必有用"的大自然恩典以及传统食疗养生的智慧。

这本书的推出，我必须要感谢美食家陈鸿先生，他长期居住在台北市，游历世界各国，对中华料理和异国料理都有深入研究，尤其擅长中菜西做、东风西美的结合，致力于推广中华美食。他的精心创作弥补了医生不会做菜的缺陷，让食谱得以和大家见面。还有小黑师傅郭家宇主厨，台北假日饭店行政副主厨，每道菜品从尝试、创作到最终成形示范，都离不开他的帮助。此外还要感谢视频创意蔡庚新导演，是他把文字性的内容用视频展示出来，为不同阅读需求的朋友提供便利。

总之，需要感谢的朋友太多，尤其是广大读者。粗粮食用蕴含中国人古老的智慧，小弟不当之处还望大家不吝赐教，批评指正，把正确之经验和方法推荐给更多民众。希望大家都选对食材，吃出健康，懂得大自然的馈赠！

周祥俊

2018 年 7 月 18 日

目　录

春季总论

夏季总论

粗粮家族介绍

"粗粮煮意"，煮的是什么"意"？煮的是创意和心意。把朴实无华的粗粮，依循节气养生原理，透过料理人绝妙创意，华丽变身成72道丰盛又健康的料理，兼具保健与食疗功能，让人愈吃愈有味，愈吃愈疗愈，这就是我们想要传达的美好心意。

Q：那么，什么是"粗粮"呢？

A：粗粮泛指含丰富纤维素，相对于白米、白面粉等细粮的健康食材。

　　由于粗粮家族相当庞大，为了方便认识，大致可区分为以下几类：

全谷类：燕麦、荞麦、红藜麦、玉米、小米、紫米、糙米、大麦……

豆类：绿豆、红豆、黄豆、黑豆、眉豆、蚕豆、豌豆……

根茎类：地瓜、芋头、山药、马铃薯……

其他类：栗子、莲子、芡实、各式坚果……

※ 本书中最重要的粗粮使用技巧

书中使用到许多全谷类、豆类粗粮入菜，不但能增添料理口感和风味，对身体健康也非常有帮助。但是要和其他食材同煮，因为所需时间落差大，容易发生食材煮烂了，但谷物和豆子却还没熟的状况！解决方法，请看下方"达人小技巧"。

达人小技巧

- 请将全谷类、豆类预先处理，蒸煮或水煮至熟，于常温下放凉后，置入冰箱保鲜备用。
- 待料理时，再依所需用量取出，然后加入料理中使用即可。
- 可依食谱建议用量添加，也可依个人喜好增减、替换，创造出喜欢的口感。
- 简单、快速、方便，轻轻松松就可以吃到各种粗粮的营养。

※ 粗粮食用温馨提示

全书呈现的每道料理都把粗粮与时令菜品搭配一同表现。 这样的做法除了美味以外， 其目的是提醒现代人改变传统粗粮制作方式。 "粗粮精做" 是现代人食用粗粮之要点， 并且食用粗粮须 "粗细搭配"。 同时粗粮虽好， 却不宜多食， 过量易引发身体不适， 每日以不超过 50 克为宜。 任何食物应用都要把握 "度"， 恰到好处才能扬长避短。 因此全书都以混搭的形式呈现粗粮，搭配是解决之道， 而非一味地推荐只吃粗粮。 至于每个节气中都有粗粮呈现的汤品和饮品， 一方面是用心创意， 另一方面是借此提醒读者， 粗粮食用多饮水必不可少！这样才能中和粗粮中所含的大量不可溶性纤维素可能对人体带来的不良影响。 粗粮固然营养丰富， 但也不是人人都适用， 尤其是儿童、 老年人等消化功能弱者， 不易消化， 还可能阻碍矿物质吸收； 有消化道疾病 （如慢性胃炎、 胃十二指肠溃疡等） 者可能引起消化道疾病复发； 有痛风疾病的朋友不宜多食豆类。 故在此特别提醒。

书中使用到的粗粮索引

· 全谷类和豆类食材， 可依前页 "达人小技巧" 先行备料， 方便日后料理时取用。
· 五谷米、 五谷粉： 混合多种谷类的搭配组合， 市面上均可购得， 亦可随喜好自行调配组合。

	名称	页数索引
综合类	五谷米	83/99/101/103/141/142/153/154/155/163/167/180
	五谷粉	34/37/51/60/63/88/101/103/142/155/157/169/182
全谷类	燕麦	31/48/137
	荞麦	48/142/166
	红藜麦	31/34/45/48/49/75/97/113/115/127/129/140/151/155/163/165/166
	玉米	73/103/168/177
	小米	33/47/61/125/139/151/177
	紫米	86
	糙米	59/73/85/100/115/166/179/181
	薏仁	50/57/71/73/111/117/128/143
	红薏仁	114
豆类	绿豆	143
	黄豆	87
	黑豆	35
	眉豆	33/75/102/137
根茎类	地瓜	34/74/86/88
	南瓜	103/115/167
	马铃薯	34
	山药	45
其他类	栗子	62
	莲子	163
	南瓜子	180
	坚果	85/167
	杏仁	182
	芡实	36/168
	花生	179
	白芝麻	127
	黑芝麻	88/169/180

春季总论

顺时令、 养天和， 防患于未然

二十四节气是中国传统的时间划分方法， 古人在长期的农耕生活当中， 透过对天文、 气象、 农作生长的观察， 予以详细描述与记录， 逐渐集结成与之相关的一门知识。 一年有四季、 十二个月， 每个月有两个节气， 每个节气又分为三候。 每候五天， 共十五天。 二十四节气看似独立， 实则环环相扣。节气与节气之间， 具有连续性、 交叉性、 相似性的特征。

天地是大宇宙， 人体是小宇宙， 人生活在天地之间， 若能配合春夏秋冬二十四节气运行规律生息， 做到 "顺时令、 养天和， 防患于未然"， 就能与天地和谐共生共存。 其实传统的中医学， 很早就从保健养生角度切入， 把二十四节气的特点， 与人体特性相结合， 用以指导人们生活， 以期达到 "天人合一" 的理想境界。

春季养生重点在于 "养阳保肝"

一年之计在于春。 在春回大地之际， 万物欣欣向荣， 充满生机， 此时也是净化调养身体的最佳时节。 春天共有六个节气， 分别是： 立春、 雨水、惊蛰、 春分、 清明、 谷雨。 有时始于农历十二月， 有时始于农历一月。

一过立春， 就意味着冬季结束， 时序进入春天。 俗语说："春生夏长，秋收冬藏。" 不同的季节， 各有不同的养生重点， 总体来说， 春季的养生原则是 "生发"， 中医强调的重点则是 "养阳保肝"。

"肝" 的生理特性， 有如春天的树木般， 正处于 "生发" 的阶段， 主人体一身阳气生腾。 所以在春天的六个节气里面， "养阳保肝" 是贯穿其间最重要的主题。 让身体的阳气与春日的阳气一同滋长， 保养肝脏以带动五脏六腑的畅旺运作。 如何在气候转变之际， 切实掌握环境、 事物与人体之间的平衡， 透过调整饮食与保健方式， 来为身体健康打好根基， 就是春季养生的关键所在。

关键字：咬春

宜　食：五辛

慎　防：乍暖还寒

保　健：每日百梳头

　　常言道"一年之计在于春"，从中医的角度来看，到了立春时节，自然界生机勃勃，万物欣欣向荣，我们人体，也应当顺应自然界生机勃发的景象，调节生活起居状态，"养阳护肝"——滋养身体阳气，使之生发，同时将肝气进行疏泄，以顺应外在环境的变化。

1

立春篇

2月3日~2月5日

"立春天气晴，百物好收成"

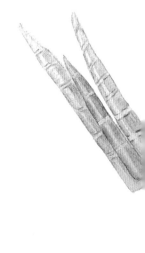

周医师健康加油站

立春节气， 养生关键在于防病保健

虽说节气已是 "立春"， 但冬去春来、 寒气始退、 乍暖还寒， 天气还是相当的不稳定。 从西医角度来看， 最容易发生呼吸道疾病， 像是感冒、 气管炎、 哮喘、 肺炎等， 还有因骤冷骤热所引发的心脑血管疾病， 例如： 高血压、 冠心病、 心肌梗死、 脑梗死、 脑溢血等。 因此， 立春节气的养生关键， 首重防病保健。 提醒您要保暖防寒， 切莫过早减衣， 以免身体无法适应。

透过饮食调养， 帮助阳气生发和肝气疏泄

常言道 "一年之计在于春"， 从中医的角度来看， 到了立春时节， 自然界生机勃勃， 万物欣欣向荣， 我们人体， 也应当顺应自然界生机勃发的景象， 调节生活起居状态， "养阳护肝"——滋养身体阳气，使之生发，同时将肝气进行疏泄，以适应外在环境的变化。

"民以食为天"，在食的部分，我们可以多吃像是萝卜、五辛等当季的新鲜蔬菜。吃这些食物，我们叫作"咬春"。透过饮食调养，可以帮助阳气生发和肝气疏泄，带动五脏六腑的良好运作。

萝卜可以帮助我们通气，而葱、蒜、椒、姜、芥等五辛，都是辛甘发散之品。此外，像是香菜、花生、韭菜、韭黄、虾仁、红枣、豆豉等，也都是适合立春时节的食材，建议可以将喜欢的食材包在春卷里享用，一口咬下春天的清新气息。另外，要少吃酸性食物，像是柠檬、山楂、梅子、番石榴等，羊肉也不适合这个节气了，因为不利于阳气的生发与肝气的疏泄。

每日梳头百下，可宣行郁滞、疏利气血、通达阳气

在起居方面，宜早睡早起。一天之中，清晨是阳气始生之际，早晨去散散步，最能放松筋骨。日常保健方面，可每日梳头百下。因为春天是自然阳气萌生的季节，此时人体的阳气也有向上、向外生发的特点，表现为毛孔逐渐舒展、代谢旺盛、生长迅速。所以春天梳头，正符合养生需求，有宣行郁滞、疏利气血、通达阳气的功效。

主菜 （2 人份）

味噌燕麦石斑鱼

材　料　　石斑鱼 1 尾、 燕麦 1 大匙、 红藜麦 1 小匙

调味料　　白味噌 1 大匙、 糖 1 小匙、 沙拉酱 2 大匙

做　法

1. 燕麦、 红藜麦预先蒸熟备用 （请参看下方 "美味小诀窍" 说明）。

2. 将石斑鱼川烫备用。

3. 把调味料加入蒸熟的燕麦、 红藜麦当中拌匀， 铺在石斑鱼鱼身上。

4. 放进烤箱， 以高温大火烤 12 分钟左右即可。

美味小诀窍

全谷类、 豆类因所需烹煮时间与其他食材落差较大， 因此这两类食材请预
先蒸煮或水煮处理。 煮熟后请常温放凉， 然后置入冰箱保鲜备用， 料理
时再取用 （本书中的全谷类、 豆类都是预先煮熟备用）。

 周医师健康好周到

　　燕麦是一种非常营养的食材， 具有低糖、 低脂、 高钙、 高蛋白、
高能量、 容易消化等优点。 在这道料理当中， 还加入了以豆类发酵制成
的味噌， 以及当季盛产、 含有大量不饱和脂肪酸的石斑鱼 （台湾省可选
用红目鲢）。 这样的组合， 让燕麦不再寡淡无味， 而是充满着味噌的香
气和鱼肉的鲜美。 起锅后撒上一把正月刚出土的鲜葱， 营养丰富， 味美
无穷。

ℓ亩良田

带鱼眉豆小米粥

材 料　　带鱼 2 块、 眉豆 1 大匙、 小米 1/2 量米杯
调味料　　姜丝、 盐巴、 胡椒各少许

做 法

1. 小米、 眉豆预先蒸熟。
2. 取新鲜带鱼， 先在鱼肉上轻轻划几道斜刀口。
3. 热油锅， 将带鱼两面煎过、 定型。
4. 将一小把姜丝放入水中煮沸， 转小火， 加入带鱼同煮 10 分钟。
5. 捞出带鱼， 然后在锅内加入步骤 1 的小米与眉豆， 炖煮 10 分钟。
6. 再将带鱼放回米粥当中， 稍微加热一下。 起锅前加入少许盐巴、 胡椒调味即可。

周医师健康好周到

在我们日常饮食当中， 常常会利用小米来熬粥， 它的营养非常的丰富， 含有大量不饱和脂肪酸、 纤维素、 维生素 E、 矿物质， 对我们身体十分有益。 小米搭配带鱼， 口感相得益彰， 不仅肉质鲜美且营养丰富， 是立春时节一道充满生命力的旬味料理。

e 亩良田

副菜 （2 人份）

全谷养生地瓜煎饼沙拉

材　料　马铃薯 1 个、 地瓜 1 个、 鸡蛋
　　　　1 个、 红藜麦 1 小匙、 五谷粉 1/2
　　　　大匙、 低筋面粉 1 大匙、 水 30ml

调味料　沙拉酱 1 大匙； 盐巴、 胡椒各少许

做　法

A　马铃薯沙拉的部分：

　　红藜麦、 马铃薯先蒸熟， 加入盐巴、 胡椒、 沙拉酱搅拌均匀。

B　地瓜煎饼的部分：

1. 地瓜先蒸熟， 分成三份。

2. 取两份地瓜泥， 加入五谷粉、 鸡蛋、 水、 低筋面粉搅拌均匀， 然
　 后用平底锅煎成薄饼状。

3. 将剩下的一份地瓜泥涂在薄饼上， 卷起后置入盘中央， 并放上一球做
　 好的 A 马铃薯沙拉即可享用。

周医师健康好周到

　　地瓜是理想的减肥食品， 同时可有效抑制乳腺癌、 结肠癌、 直肠
癌， 其蛋白质质量高， 能补充白米与白面中所缺乏的营养。 经常食用可
使人身体健康、 延年益寿， 但胃酸过多者不宜多食。

副菜（2 人份）

和风黑豆烧萝卜

材　料　黑豆 2 大匙、 白萝卜 300g、 木鱼
　　　　片适量
调味料　日本柴鱼酱油 3 大匙、 水 120ml、
　　　　味醂 60ml

做　法

1. 黑豆预先蒸熟。
2. 白萝卜削皮， 切成厚度相当的大圆块。
3. 将柴鱼酱油、 水、 味醂混合， 调制成和风卤汁。
4. 将白萝卜块、 煮熟的黑豆放进卤汁当中， 中火炖煮 30 分钟， 待萝卜
　 熟软后取出摆盘， 上头再加些木鱼片即可享用。

美味小诀窍

可以一次多做一点， 将煮熟放凉后的白萝卜连同卤汁装进密封盒， 置入保
鲜柜中保存。 由于卤汁具有咸度， 可确保白萝卜不会过于软烂。 想吃的
时候， 随时取出加热， 再添加些许木鱼片， 就是一道方便好吃的前菜。

周医师健康好周到

　　黑豆富含蛋白质、 不饱和脂肪酸和维生素 B 群， 丰富的大豆异黄酮
和大豆皂醇更具有活血润肤的效果。 另外， 黑豆还拥有 "乌发娘子"
称号， 对于肾虚所造成的须发早白、 脱发具有食疗功效， 不论是骨质疏
松、 高血压、 糖尿病患者皆适宜。 而萝卜可以帮助我们通气， 也是立春
时节的养生好食材。

麻油黑鱼芥菜汤

材　料　　芥菜3片、 黑鱼1尾、 芡实2大匙

调味料　　麻油、 姜丝、 枸杞、 盐巴各少许

做　法

1. 芥菜烫熟。 芡实预先蒸熟。

2. 黑鱼洗干净后切成圈状。

3. 取麻油爆香姜丝， 然后加入黑鱼两面煎
   熟、 上色。

4. 加入水、 枸杞、 芡实同煮。

5. 然后将烫过的芥菜放入汤汁中， 以少许
   盐巴调味即可。

周医师健康好周到

　　黑麻油中含有大量的维生素 E， 具有较强的抗氧化作用， 特别是它的
亚油酸成分， 可使附着在血管壁上的胆固醇逐渐减少； 另外， 还有润燥
通便、 养血乌发的效果。 在这道汤品中， 还搭配了五辛中的姜， 非常适
合立春时节身体发散的养生需求。

饮品 （2 人份）

五谷蜜枣草莓果汁

材　料　　草莓 10 颗、 蜜枣 2 颗、 五谷粉
　　　　　　2 大匙

做　法

1. 用果汁机把草莓打成果汁。

2. 取透明果汁杯， 先加入一半的草莓
　 果汁。

3. 将蜜枣切块去籽后， 加入五谷粉和少量
　 的水， 再用果汁机打成果泥。

4. 草莓果汁上层缓缓倒入蜜枣果泥， 即可
　 做出漂亮的双层视觉效果。

5. 上头撒少许五谷粉即可享用。

美味小诀窍

草莓可以趁当季新鲜时大量购入， 清洗干净、 切丁后， 装进保鲜盒， 置
入冰箱保鲜。 需要的时候， 就可以直接取出， 用果汁机打成草莓果汁。

周医师健康好周到

　　草莓是立春的当令水果， 含有丰富的果胶和膳食纤维， 可帮助消化和
通便， 老少皆宜。 草莓被美国人列为 10 大美容食品， 女性经常食用，
对皮肤、 头发均有保健功效。 这道果汁中， 还搭配了适合立春养生需求
的蜜枣和五谷粉， 尤其适合老人与孩童饮用。

郭家宇 （小黑主厨） 现任台北假日饭店行政副主厨，参与众多国际大型厨艺比赛赢得荣誉， 同时作为讲师在醒吾科技大学授课。 其以丰富创意及厨艺功力屡获知名企业邀请， 协助进行创新计划研发及指导任务， 备受各方肯定，是近年来餐饮界异军突起的一匹黑马。 协助示范本书 72 道粗粮创意料理。

关键字：春捂秋冻

宜　食：粥、薏米、芡实

慎　防：湿寒两邪

保　健：睡前腹部按摩

　　老人家常说"春捂秋冻"——"捂"是用衣物遮挡的意思。虽然天气变暖和了，但我们的身体还在适应中，想要从冬日的寒冷中调节过来，还需要一段时间。千万不要因为气温稍有回升，就轻易地脱下保暖的冬衣。要注意昼夜温差仍大，稍不留神就很容易生病。

2

雨水篇

2月18日～2月20日

"雨水连绵是丰年，农夫不用力耕田"

周医师健康加油站

雨水时节意味着气温开始回升， 雨量开始增加， 实质意义的 "春天" 就要到了。 可是这段期间， 暖空气来了， 冷空气却不甘就此离场， 冷暖空气短兵相接， 乍暖还寒， 加上雨量增多， 天气又湿又冷， 真的会让人不太舒服。 所以到了雨水节气， 最重要的养生关键， 就在于预防湿寒上身。

该怎么做呢? 老人家常说四个字 "春捂秋冻" —— "捂" 是用衣物遮挡的意思。 虽然天气变暖和了， 但我们的身体还在适应中， 想要从冬日的寒冷中调节过来， 还需要一段时间。 千万不要因为气温稍有回升， 就轻易地脱下保暖的冬衣。 "春捂" 的原则， 是注意 "下厚上薄"，上半身衣物随着气温变得轻薄些， 但下半身还是要尽量穿得厚实些。 "捂" 的重点， 在于"背"、 "腹"、 "足底" 这些部位， 务必格外细心保暖。

"健脾利湿"， 吃粥养生最好!

从中医养生的角度来看， 随着天气变暖，肝气也会应万物阳气而持续生发。 然而一旦生发太过， 就会导致内热， 使脾胃受到损伤， 因此调养脾胃， "健脾" 的时节到了! 另外， 还有一个必须要做的功课是 "利湿" ——驱除体内多

余湿气。

要想调养脾胃，该怎么吃呢？最简单的方法是"吃粥"。粥素有"健脾利湿"的功效，在雨水节气的前、中、后三天食用养生粥，对润和脾胃大有助益。食材方面，推荐可从豌豆苗、荠菜、韭菜、香椿、百合、春笋、山药、芡实、芋头当中，挑选自己喜爱的几款加入粥中同煮。但无论你吃的是哪种粥，一定不能少了薏仁。薏仁可以帮助除湿健脾，是雨水节气里的最佳良伴。不过也要提醒：薏仁性偏凉，阳虚体质的人，仍应适量食用为宜。此外，在这个节气里，仍要注意少吃酸味，多吃甜味，才有利于养脾脏之气。

能排除脾胃湿毒、提升睡眠质量的腹部按摩操

生活起居方面，民间有句俗话叫作"立春雨水到，早起晚睡觉"，值此节气，睡眠质量非常重要，推荐大家一个可以帮助快速入眠和睡前养阳的"腹部按摩操"：睡前仰卧于床上，以肚脐为中心，用手掌在肚皮上按顺时针方向旋转按摩200次左右，一来能帮助促进消化，排除脾胃湿毒；二来有助于腹部保暖，提升睡眠质量。

红藜麦山药蒸鲑鱼

材　料　　鲑鱼 300g、 山药 200g、 红藜麦 1 小匙
调味料　　糖 1/4 小匙、 清酒 （或米酒）1/4 小匙； 葱花、 盐巴各少许

做　法

1. 红藜麦预先蒸熟。

2. 鲑鱼片先用盐和糖腌 5 分钟。

3. 将山药打成泥， 加入红藜麦， 然后以少许盐、 清酒 （或米酒） 调味。

4. 将调好的做法 3， 均匀铺抹在鲑鱼上， 用大火蒸 12 分钟左右。

5. 蒸熟取出后撒上葱花即完成。

周医师健康好周到

　　红藜麦是一种有七千多年历史的粗粮， 来自于南美洲的安第斯山脉， 曾被联合国农粮组织定义为全营养食物， 提到粗粮饮食就绝对少不了它。 而山药既是药， 又是食材， 可说是养身、 补虚的珍品， 对于体态苗条、 身材塑形也非常有帮助。

e亩良田～

小米甘薯粉蒸肉

材　料　　五花肉 200g、 地瓜 120g、 小米少许

调味料　　酱油 1 小匙、 鸡蛋 1 个； 胡椒、 蒜末各少许

做　法

1.　五花肉切成块状， 用少许酱油、 胡椒、 蒜末以及 1 个鸡蛋搅拌后，
　　放进冰箱腌渍一夜。

2.　小米预先蒸熟。

3.　将腌渍好的五花肉从冰箱中取出， 稍微解冻后， 裹上蒸熟的小米。

4.　将地瓜铺垫在盘底， 放上裹好小米的五花肉， 以中大火蒸约 15 ~ 20
　　分钟即可。

周医师健康好周到

　　红薯地瓜营养丰富， 而且没有脂肪。 另外， 这道粉蒸肉的重点， 在
于利用蒸煮的方式处理肉类， 可以消耗分解掉猪肉里头所含有的高脂肪，
所以完全不用担心脂肪摄取过量。 而小米富含的不饱和脂肪酸， 则是大脑
和脑神经的重要营养成分。 整道料理的搭配， 营养十分到位。

e 亩良田～～

副菜 （2 人份）

味噌荞麦冬笋汤

材　料　荞麦、 燕麦、 红藜
　　　　麦各少许； 冬笋 1
　　　　根 （或竹笋）

调味料　白味噌酱 1 小匙、 沙
　　　　拉酱 1 大匙

做　法

1. 荞麦、 燕麦、 红藜麦预先蒸熟。

2. 将冬笋 （或竹笋） 煮熟。

3. 将煮熟的笋对切， 把中间的竹笋肉挖取出来切成片状 （请保留完整的
   笋壳作为容器使用）。

4. 将白味噌酱、 沙拉酱与预熟过的荞麦、 燕麦一同搅拌， 然后加入竹
   笋片拌匀， 回填到挖空的竹笋盅里。

5. 将预熟过的红藜麦放进烤箱， 烤至酥脆程度， 撒在上头即可完成。

周医师健康好周到

荞麦是著名的保健食品， 具有减肥功效， 其中所含的赖氨酸、 矿物
质、 膳食纤维成分， 都比一般白米和白面来得高， 可利肠下气、 清热解
毒， 适合绝大部分的人食用， 尤其是三高族群和糖尿病患者。 而竹笋是
雨水时节的当令蔬菜， 与多种粗粮搭配组合， 非常符合养生的营养需求。

红藜野菇鱼子酱欧姆蛋

材　料　　鸡蛋 2 个、 鱼子酱少许、 香菇 2 朵、 蘑菇 2 朵、
　　　　　杏鲍菇 1/2 朵、 红藜麦 1 小匙

调味料　　盐巴、 糖各少许

做　法

1. 红藜麦预先蒸熟。

2. 将 2 个鸡蛋打入碗中， 加
   入鱼子酱后搅拌均匀。

3. 将香菇、 蘑菇、 杏鲍菇切
   成粒状。

4. 起油锅爆炒菇粒， 然后加入红
   藜麦， 并以少许盐巴调味。

5. 将做法 2 倒入油锅中， 用小火将蛋液慢慢烘熟， 然后卷起形成欧姆蛋
   即可。

周医师健康好周到

　　这道料理的特别之处在于， 使用粗粮搭配各种菌菇的做法。 在营养学
里头， 有句顺口溜：“吃四条腿的 （牛、 猪） 不如吃两条腿的 （鸡、
鸭）， 吃两条腿的不如吃一条腿的 （菌类）， 吃一条腿的不如吃不长腿
的 （鱼、 海鲜）。”——而香菇、 蘑菇、 杏鲍菇， 就是这种 “一条腿”
的保健食材， 含有丰富天然营养素与膳食纤维， 是能兼顾 “享受” 与
“享瘦” 双重效果的最佳选择。

银耳雪莲枇杷羹

材　料　　银耳2朵、 枇杷2个、 薏仁2
　　　　　大匙、 枸杞少许
调味料　　冰糖适量

做　法

1. 薏仁预先煮熟。 枇杷去皮、 去籽、 切
   小片。

2. 买回来的银耳若是干货， 要先用温水发
   泡过， 然后以清水洗净。

3. 将银耳加水放进蒸笼里炖软， 或放入电
   饭锅中蒸软亦可。

4. 当银耳软化且汤体呈稠状后， 再加入枇杷、 薏仁、 枸杞、 冰糖续煮
   10分钟即可。

周医师健康好周到

　　薏仁是雨水节气当仁不让的养生粗粮， 其祛湿健脾功效， 在此时节对
身体尤为重要。 除此之外， 还具有美容、 滋补、 防癌效果， 男女老幼
都适合食用。 在这道甜汤当中， 将薏仁与银耳互相搭配， 滋补效果更上
一层楼。

五谷西芹苹果精力汤

材　料　西芹 4 根、 苹果 2 个、 五谷粉 2 大匙

做　法

1. 苹果洗净后， 留下 2 小片带红皮的作为装饰用， 其余去皮后切小块。

2. 西芹洗净后， 留 2 小截作为装饰用， 其余切小段备用。

3. 用榨汁机将苹果、 西芹压榨成果汁后， 再加入五谷粉搅拌均匀， 倒入果汁杯中。

4. 然后以西芹茎、 苹果片装饰即完成。

美味小诀窍

苹果的甜味、 酸味与香气， 可以压过西芹的草蔬味， 即使不喜欢吃西芹的朋友， 也可以开心享用。 此外， 五谷粉能创造出浓郁的口感， 除了健康之外， 也非常美味喔！

周医师健康好周到

　　芹菜是当季的时令蔬菜， 具有减肥、 美容效果， 同时也是叶类蔬菜中 "钙" 含量的佼佼者。 由于芹菜具有理胃中和、 祛湿浊的功效， 非常适合在雨水及随后的惊蛰节气食用。 在这道饮品当中， 还特别搭配了苹果和五谷粉， 满足食物多样性的需求， 也是高血压、 糖尿病、 动脉硬化患者的推荐饮品。

关键字： 春困
宜　食： 粥汤、 梨
慎　防： 病菌或病毒侵袭
保　健： 回春操

　　"春雷响， 万物长"。 惊蛰后天气明显变暖， 万物复苏， 不仅动、 植物活动力旺盛， 就连微生物也开始生长繁殖， 当然还包括能引发疾病的细菌或病毒， 所以如何增强体质以抵御疾病入侵， 是这个节气的保健养生重点。

3

惊蛰篇

3月5日~3月7日

"惊蛰闻雷， 米面如泥"

周医师健康加油站

"春雷响，万物长。"惊蛰后天气明显变暖，不仅动、植物活动力旺盛，就连微生物也开始生长繁殖，当然还包括能引发疾病的细菌或病毒，所以增强体质以抵御疾病入侵，是这个节气的保健养生重点所在。饮食方面，要适当补充营养，吃多样性食物。由于天气忽冷忽热，相对干燥，很容易让人口干舌燥，引发感冒、咳嗽症状，要注意水分补充，多喝粥汤，以及多吃富含蛋白质、维生素的食物，例如：春笋、梨子、山药、芹菜、鸡肉、蛋、莲子、银耳等。尤其是梨子，含有丰富维生素和水分，被称为"水果中的矿泉水"，非常适合在这个节气享用。

早睡早起去春困

在日常起居方面，惊蛰过后，气候变暖，气温逐渐升高，人们就会愈来愈容易感到疲倦、嗜睡，这就是俗称的"春困"。对应之道是"早睡早起去春困"，唯有充足良好的睡眠质量，才能帮助我们储备满满精力。在日常保健运动方面，推荐给大家一款能行气活血、壮阳益气的"回春操"，可以接连练

习， 也可以单做其中一种。

"回春操"——甩手、 扭腰、 后倾

1. 甩手： 先将两脚分开与肩同宽， 上半身尽可能放松， 重心放在下半身。 手臂自然垂放， 手掌轻轻张开， 然后将手臂做出前后摆动的动作。 摆动时， 请以三成的力量向前摆， 以七成的力量向后摆。

甩手运动可促进气血流通， 增强体力。 初练时每天做3次， 每次各做100下。 日后可逐渐增加次数。

2. 扭腰： 先将两脚张开与肩同宽， 上半身尽可能放松， 使身体保持自然状态， 然后将腰部往后扭转到能负担的最大限度。 记得， 脚不要移动， 头部则是随着腰部一起往后转动。 然后返回正面， 再朝相反方向做出同样的转动。

扭腰运动能增强脾胃功能， 宽胸理气、 强肾壮腰， 并兼具减肥效果。

3. 后倾： 两手重叠轻放于背后， 将上半身缓缓后倾、 下腰到能负担的最大限度， 然后恢复原状。

后倾运动能刺激人体督脉， 具有增强活力、 激发阳气、 调节神经系统的效果。

鲑鱼薏仁佐橙香洋葱

| 材　料 | 生鱼片级鲑鱼 300g、 洋葱 1/4 颗、 柳橙 1/4 个、 薏仁少许 |
| 调味料 | 白醋 1/2 小匙、 酱油 1 小匙、 味醂 1 小匙 |

做　法

A　酱汁的部分：

　　将白醋、 酱油、 味醂调在一起做成酱汁。

B　鲑鱼主菜的部分：

1．鲑鱼切成片状 （请购买生鱼片等级的鲑鱼）， 排盘。

2．洋葱切丝， 柳橙切片， 薏仁预先蒸熟。

3．先将洋葱丝、 柳橙片、 薏仁和 A 酱汁拌在一起， 然后淋在鲑鱼片上即完成。

周医师健康好周到

　　薏仁具有除湿、 健脾、 抗癌、 美容与滋补功效， 对身体健康非常有帮助。 在惊蛰节气里， 除了湿气重的问题之外， 春日乍暖还寒的天气， 也很容易让人感冒。 而这道料理中添加了大量洋葱， 能帮助杀菌、 对抗感冒， 达到良好节气养生保健效果。

e亩良田

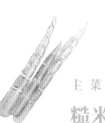

主菜（2人份）

糙米梅菜猪肉焖春笋

材　料　　猪肉 200g、 春笋 1 支、 梅干菜 50g、 糙米少许

调味料　　盐巴、 胡椒各少许； 鸡高汤 2 碗

做　法

1. 糙米预先蒸熟。

2. 春笋先用热水氽烫过， 切成滚刀块。

3. 猪肉切成片状， 用热水氽烫过。 梅干菜切成适当大小。

4. 起油锅爆香梅干菜， 然后加入鸡高汤、 春笋、 猪肉小火炖煮 20 分钟。

5. 加入已经煮熟的糙米， 再续煮 10 分钟， 让米浆融入汤汁中， 喝起来会特别浓郁美味。

6. 撒上少许盐巴、 胡椒调味即可。

周医师健康好周到

　　竹笋的营养十分丰富， 含有人体所必需的八种胺基酸以及大量食物纤维， 能帮助去油解腻， 和猪肉一起烹调最速配。 此外， 在这道料理中， 还加入了糙米这种具抗癌效果的粗粮， 对于肠道或消化道肿瘤有良好的预防作用。

韭菜五谷铁板生蚝

材　料	新鲜生蚝 200g、 鸡蛋 2 个、 韭菜 1 小把、 地瓜粉 1 大匙、 五谷粉 1 小匙
调味料	味噌 1 大匙、 海山酱 1 大匙、 糖 1 小匙、 水 3 大匙

做　法

A　酱汁的部分：

1．味噌先用小火炒过， 带出香气。 炒的时候要快速翻动， 以防止烧焦。

2．加入海山酱、 水、 糖一起煮开即可。

B　蚝煎的部分：

1．将韭菜切小丁。

2．以五谷粉、 地瓜粉、 水一起调制成粉浆水， 比例是 1：2：3。

3．平底锅中加入少许沙拉油， 将鲜蚝煎出香气， 然后加入步骤 2 的粉浆水一起煎到呈半透明状。

4．碗中打入一个鸡蛋， 和韭菜拌匀后， 倒入锅中一起煎熟， 盛盘。 淋上酱汁 A 即可享用。

 周医师健康好周到

　　常言道 "正月葱， 二月韭"， 韭菜气味浓郁芳香， 加入任何料理， 都有画龙点睛的效果。 韭菜， 益脾健胃， 常食可增强脾胃之气， 还可以预防习惯性便秘和肠癌， 高血脂、 高血压等心脑血管疾病患者尤为适用。

鸡汁小米虾皮水芹

材　料　　金针菇 1 小把、 水
芹 1 小把； 虾皮、
小米、 蒜头各少许

调味料　　盐巴、 胡椒各少许；
鸡高汤 2 大匙

做 法

1. 小米预先蒸熟。

2. 蒜切末， 水芹梗切段。

3. 起油锅， 爆香虾皮。

4. 将爆香好的虾皮捞起， 放
在一旁待用。 接着爆香蒜末， 然后和小米一同拌炒。

5. 待香气出来后， 再加入金针菇、 水芹一同翻炒， 然后加入鸡高汤。

6. 以盐巴、 胡椒调味， 盛盘后撒上虾皮即可享用。

周医师健康好周到

　　小米素有 "代参汤" 的美誉， 营养优势与白米相较显得十分突出，
含有大量不饱和脂肪酸、 维生素 E、 膳食纤维以及铁和磷， 可健胃消
食、 补血健脑、 改善失眠。 料理中所搭配的虾皮能帮助补钙， 而蒜则为
五辛之一， 都是适合作为春季养肝的保健食材。

汤品 （2 人份）

南瓜苹果板栗浓汤

材　料　南瓜 1 个、 栗子 100g、 苹果 1 个、 燕麦 2 大匙、 豌豆仁少
　　　　许、 生菜叶少许、 鸡高汤 1 量米杯
调味料　盐巴少许

做　法

1. 栗子去壳蒸熟。 燕麦预先蒸熟。

2. 苹果对切成两份， 一份去皮切小
   块， 一份连皮切成片状。

3. 将南瓜上缘切开， 放入蒸笼
   中蒸熟后， 将内部南瓜挖
   出， 形成南瓜盅备用。

4. 用果汁机将挖取出来的南瓜
   肉， 加入栗子、 燕麦、 苹
   果、 鸡高汤、 盐巴， 一同打成
   泥状。

5. 将做法 4 倒出， 用小火加热煮滚后， 再倒回南瓜盅里， 并以苹果
   片、 豌豆仁、 生菜叶点缀即完成。

周医师健康好周到

　　栗子含有丰富的不饱和脂肪酸、 维生素、 矿物质， 能补脾健胃。 而南
瓜既是蔬菜， 又是粗粮， 且能带来饱足感， 是减肥美容者的理想食材。 栗
子、 南瓜与苹果的搭配， 对高血压、 冠心病等慢性病患尤为适合。

五谷酪梨奶昔

材　料　　酪梨1个、牛奶500ml、
　　　　　五谷粉2大匙

调味料　　糖适量

做　法

1. 酪梨去皮后切小块。

2. 用果汁机将酪梨、牛奶、五谷粉一同打成
   果汁。

3. 依各人口感，可加入适量的糖调味。

4. 倒入果汁杯中，撒少许五谷粉即可享用。

美味小诀窍

酪梨本身就带有一种奶油风味，和牛奶口感十分搭配。五谷粉则可提供谷类营养和香气，并增添整体浓稠感。无论是在夏天做冷饮，或是冬天做热饮，都十分对味喔！

周医师健康好周到

　　酪梨是一种具高营养价值的水果，含有多种维生素、脂肪酸、蛋白质，以及高含量的钠、钾、镁、钙等元素，素有"森林奶油"的称号。搭配五谷粉更增添浓郁口感，喝起来绵密润滑，营养丰富。

关键字：倒春寒
宜　食：春菜
慎　防：旧疾复发
保　健：每日泡脚足浴

　　孔子说"不时，不食"，非节气的食材就不吃，可见当令饮食的重要性。春分时节，要多吃大自然在春天赐予我们的食物，也就是常说的"春菜"，包括有养阳之用的韭菜、香椿、苋菜；助长生机的豆芽、莴苣、葱、豆苗、蒜苗；滋养肝肺的晚春水果，如草莓、青梅、杏、李、桑葚、樱桃等。

4

春分篇

3月20日～3月22日

"春分有雨家家忙，先种麦子后插秧"

周医师健康加油站

俗话说："春分春分，昼夜平分。"到了春分时节，燕子南飞，春雷乍响，草木复苏，处处都是春意融融的美好景象。美中不足的是在这个节气里，仍不时会有寒流来袭，日夜温差较大，"倒春寒"和"春寒料峭"可说是最传神的形容了。由于气候变化剧烈，可能导致人体失衡，精神焦虑不安。举凡呼吸、消化系统的老毛病，以及高血压、月经失调、失眠、痔疮等，都要格外小心。要注意防寒保暖，减少到人多的聚集处，以防止交叉感染的可能。加强运动，提升免疫力，是强健体质的有效方法。

春季的主题是"养肝"，以春菜养阳、助长生机

孔子说"不时，不食"，非节气的食材就不吃，可见当令饮食的重要性。春分时节，要多吃大自然在春天赐予我们的食物，也就是常说的"春菜"，包括有养阳之用的韭菜、香椿、苋菜；助长生机的豆芽、莴苣、葱、豆苗、蒜苗；滋养肝肺的晚春水果，如草莓、青梅、杏、李、桑葚、樱桃等。值得注意的是，春季的主题是"养肝"，而酒伤肝肠，因此春季更不应饮酒。以天然草本植物冲泡有护肝功效

的菊花茶、 金银花茶， 或者是简简单单的白开水， 才是最适合这个节气的饮品。

每日泡脚足浴 3 要诀

先前提到的 "春困"， 发展到春分时节是有增无减。 既要消除春困， 又要应对春寒料峭， "暖脚" 是非常实用的方式。 春分节气的日常保健操， 推荐大家可以尝试 "每日泡脚足浴"。 泡脚， 关键在于怎么 "泡"， 切记 3 个要诀： "水要多， 温度要对， 时间要长"。 通常水要淹过踝部， 水温不宜过热或过凉， 大约维持在 38℃ ~ 43℃， 时间以 20 ~ 30 分钟为宜。 每天

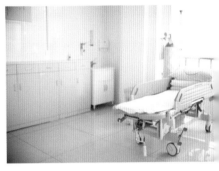

或隔一天泡一次即可， 泡到感觉后背或额头微微沁出汗来， 这样就可以了。

泡脚足浴时， 需要特别注意以下三点： 一、 泡到微微出汗即可， 千万不要泡到出大汗； 二、 糖尿病或皮肤病患者， 由于对外界刺激较不敏感， 若是水温过高容易导致烫伤； 三、 年长者浸泡太久， 容易引发出汗、 心慌等症状， 所以泡脚时间以 20 分钟为宜。

西红柿芦笋酸汤海鲷鱼

材　料　　鲷鱼一条、 芦笋 3 根、 圣女西红柿 3 颗、 薏仁 1 大匙

调味料　　糖 1 小匙、 白醋 1 小匙、 香油少许、 鸡高汤 1 碗

做　法

A　酸汤的部分 :

1.　姜丝爆香后加入鸡高汤、 鲷鱼头、 鲷鱼骨一起熬， 并用少许白醋调出酸味， 中火熬至汤汁呈乳白色。

2.　加入西红柿同煮 5 分钟后， 再加入薏仁， 煮到汤汁带有浓稠感。

3.　点少许香油即可。

B　主菜的部分 :

1.　薏仁预先煮熟， 芦笋烫熟。

2.　起油锅， 将鲷鱼片两面煎熟， 盛盘。

3.　将做好的 A 酸汤浇淋在鲷鱼片上即完成。

周医师健康好周到

　　芦笋是一种营养丰富的保健蔬菜， 也是著名的抗癌蔬菜， 其中含有的微量元素 "硒"， 可构成人体内抗氧化酵素， 促使癌细胞凋亡， 进而降低各种癌症的发生率。 在《神农本草经》里， 芦笋被列为 "上品之上"， 平日可多多食用， 有益健康。

e亩良田

主菜 （2 人份）

花蟹玉米糙米粥

材　料　　花蟹 1 只、 玉米粒 1 大匙、 糙米 1 碗、 鸡蛋 1 个、
　　　　　鸡高汤 450ml

调味料　　盐巴、 胡椒、 葱花各少许

做　法

1. 糙米预先蒸熟。

2. 花蟹清洗处理干净后， 以鸡高汤小火慢煮约 15 分钟， 捞起备用。

3. 先把汤汁上面的浮泡捞除干净， 然后再加入糙米、 玉米粒， 熬煮至糙米释出浓稠感。

4. 在粥里头打入蛋花增加香气， 并加入少许盐巴、 胡椒调味。

5. 将螃蟹放回粥里头， 以小火煮 3 分钟， 然后撒上少许葱花即完成。

周医师健康好周到

　　玉米是大家非常熟悉的一种粗粮， 从玉米胚中所榨取出来的油脂， 含有大量不饱和脂肪酸， 而且其中 50% 以上都是亚油酸， 可以帮助清除血液中有害的胆固醇， 预防动脉硬化。 此外， 在这道料理当中， 还搭配了富含蛋白质、 矿物质、 纤维质与维生素 B1 等营养成分的糙米， 两者一起食用， 可以有互相加成的保健效果。

副菜 （2 人份）

蔓越莓薏仁蜜地瓜

材　料　　地瓜 150g、 薏仁 1 大匙、 蔓越
　　　　　莓干少许
调味料　　砂糖适量

做　法

1. 薏仁预先蒸熟。

2. 地瓜切块状放入锅中， 加入薏仁和水。
   水必须覆盖超过地瓜。

3. 以小火蒸煮 25 分钟后取出， 将汤汁缓缓
   倒出 （请小心避免地瓜破碎）。

4. 将砂糖加入汤汁当中， 趁热搅拌至
   溶化。

5. 将加好糖的汤汁倒回锅内， 让地瓜浸泡在糖水中， 并加入少许蔓越
   莓干。

6. 再以小火蒸煮 10 分钟即完成。 不论热食或冰凉后再吃都很美味喔！

周医师健康好周到

地瓜是理想的减肥食品， 对乳腺癌、 结肠癌、 直肠癌也有抑制效
果。 薏仁能祛湿健脾， 且具有美容、 滋补、 防癌的功能。 在这个节
气里， 将两者搭配食用， 对身体非常有益。 另外， 这道料理的特色是
"蒸"， 不煎不炸， 强力推荐采用这种低盐、 低油烹饪方式。 患有糖
尿病的朋友， 建议不加糖。

味噌红藜长豇豆

材　料　　长豇豆 （或四季豆）1 小把、 眉豆 1 小把、 红藜麦少许

调味料　　白味噌 1 大匙、 味醂 1 大匙

做　法

1. 红藜麦、 眉豆预先蒸熟。
2. 长豇豆切粒， 汆烫后沥干水分。
3. 将长豇豆加入白味噌、 味醂， 与眉豆及
   红藜麦 同拌匀后即完成。

周医师健康好周到

红藜麦被誉为适合人类的完美全营养食
品。 单单一个红藜麦所含有的营养元素， 即可满足人体基本所需。 在这
道料理当中， 还搭配了眉豆、 长豇豆， 营养更全面， 也是非常适合茹素
朋友享用的一道美食。

眉豆排骨蛤蜊汤

材　料　　排骨 150g、 蛤蜊 200g、 眉豆 1 大匙、 牛蒡 50g

调味料　　盐巴、 葱花、 姜丝各少许

做　法

1．眉豆预先蒸熟。 排骨汆烫去血水。 蛤蜊预先吐沙。 牛蒡切片。

2．将排骨加入眉豆、 牛蒡和水， 用小火煮 40 分钟左右。

3．加入姜丝、 蛤蜊同煮。

4．待蛤蜊开口后， 以少许盐巴调味， 最后撒上葱花即可。

周医师健康好周到

猪肉与豆类搭配， 最是相得益彰。 在炖煮成汤品后， 猪肉中的脂肪会减少 30% ~ 50%， 不饱和脂肪酸增加， 胆固醇含量大大降低。 另外， 豆类中所含的大量卵磷脂， 能使胆固醇和脂肪颗粒变小， 不沉积于血管壁， 利于缓解动脉硬化的发生。 在汤品中加入蛤蜊， 更增添了一层鲜美风味。

爆米花香蕉奶泡凤梨汁

材　料　　凤梨 50g、　香蕉 1 个、　鲜奶油 1 大匙、　大米爆米花少许

做　法

1. 用调理机把凤梨打成果汁。

2. 香蕉加入鲜奶油， 然后用调理机打成香蕉奶泡。

3. 在透明果汁杯中， 先加入半杯凤梨果汁。

4. 然后用汤匙间隔， 上层再缓缓倒入香蕉奶泡， 然后撒上爆米花粒即可。

周医师健康好周到

很多人觉得吃香蕉会带来快乐的心情， 这是因为在香蕉里头含有一种特殊胶质， 能使人体分泌出血清素， 刺激大脑产生积极正向的情绪。 而凤梨口感清爽， 能健胃消食、 补脾止泻。 将 "快乐香蕉" 与 "清爽凤梨" 和牛奶互相搭配， 无论在营养上或口感上， 都是绝妙组合。

关键字：春游
宜　食：绿叶食材、薯类
慎　防：风寒入侵
保　健：春游踏青

　　清明时节因为"风"和"湿"同时登场，容易引发风寒入侵。春雨绵绵，也给各种细菌、病毒提供了有利的生存温床，进入呼吸道感染疾病的高峰期。此时人体内的肝气，已经达到顶峰，若是疏泄不当，加上情绪波动强烈，就容易引发高血压、冠心病。

5

清明篇

4月4日~4月6日

"清明风若从南起， 预报田禾大有收"

周医师健康加油站

"风"和"湿"同时登场，容易引发风寒入侵

"清明"是我们华人最熟悉的节气之一，因为每年一到此时，便是扫墓祭祖的日子了。"清明时节雨纷纷，路上行人欲断魂。借问酒家何处有，牧童遥指杏花村。"这首杜牧的经典诗作，点出了几则与保健养生有关的重要线索——"雨纷纷"说明了"湿气"很重；"欲断魂"传达出悲伤抑郁的情绪；"酒家"暗示借酒消愁愁更愁。另外，王安石在春天的江南河畔，则写下"春风又绿江南岸"的名句，暗示此一时节的"风"也不小啊！

种种线索和现实状况比对后发现：清明时节因为"风"和"湿"同时登场，容易引发风寒入侵；春雨绵绵，也给各种细菌、病毒提供了有利的生存温床，进入呼吸道感染疾病的高发期。

防风湿两邪，疏泄肝气，保持心情舒畅

此时人体内的肝气，在经历春天前面四个节气的生发后，已经达到顶峰，若是肝气疏泄不当，加上情绪波动强烈，就容易引发高血压、冠心病。

所以从西医疾病预防的角度来看，呼吸系统方面要注意感冒、气管炎、哮喘易发，心血管系统要注意高血压、冠心病易发，在身心症方面要注意忧郁症、躁郁症、精神疾病易发。

从传统中医养生角度来看，防风湿两邪、疏泄肝气、保持心情舒畅尤为重要。饮食部分，要多吃柔肝养肺的食物，像是绿叶食材入肝，是清明节气首选。芹菜和荠菜，能益肝和中；菠菜，能利五脏、通血脉。而薯类则可提供人体大量的维生素C、维生素B1、钾、膳食纤维等，特别是在山药、芋头、红薯当中，还含有具免疫促进效果的活性粘蛋白，可提高抵抗力。

春游踏青、登山，活络筋骨

在起居的部分，建议早起进行各种户外活动，例如春游踏青、登山、放风筝，等等，不仅能舒筋活络、畅通气血，还能怡情养性、增强抵抗力。但活动时要量力而为，因为在这个节气，还不适合大幅度的"动起来"，以免身心过于疲惫。衣着方面以轻便保暖为宜，可随身携带一条小毛巾擦汗，比较不容易感冒。

五谷鲷鱼苋菜羹

材　料　　鲷鱼 （台湾省可选用迦纳鱼， 其他鱼类亦可）1 条、 苋菜
　　　　　1 小把、 五谷米少许

调味料　　盐巴 1/2 小匙、 鸡高汤 300ml

做　法

1. 五谷米预先蒸熟。 苋菜切小段。
2. 起油锅， 将鲷鱼干煎至熟后置于一旁备用。
3. 将五谷米放入鸡高汤中煨煮， 待汤汁略显浓稠后， 将五谷米捞取出， 放入盘中央。
4. 用剩下的汤汁煨煮苋菜， 待苋菜变软后， 捞出并滤去多余汁液， 围绕在五谷米的外缘。
5. 把先前煎好的鲷鱼， 用过滤出来的汤汁再次回锅煮热， 然后以少许盐巴调味， 连同汤汁倒入盘中即完成。

周医师健康好周到

　　苋菜又被称为 "长寿菜"， 富含多种人体所需的维生素、 矿物质， 最重要的是铁和钙含量特别高， 能强化体质、 促进骨骼发育， 非常适合贫血患者、 孩童、 长者以及手术后患者食用。 搭配肉质细致的鲷鱼或迦纳鱼， 以及高纤维质的五谷米一同烹煮， 能一次满足美味、 窈窕、 健康三种需求。

e亩良田

泰式姜黄糙米菠萝炒饭

材　料　　凤梨 1 个、 虾仁 100g、 芦笋 1 小把、 糙米 2 碗、 鸡蛋 1 个、 综合坚果少许

调味料　　姜黄粉 1 小匙、 盐巴 1/2 小匙、 胡椒少许

做　法

1. 取新鲜凤梨对切， 将果肉挖出， 作为盛装炒饭的容器 （果肉可留下来制作饮品）。

2. 糙米预先蒸熟。 虾仁、 芦笋先烫熟。 芦笋捞出后切成粒状。

3. 热油锅， 在锅里打入一个鸡蛋， 加入糙米拌炒， 并以姜黄粉、 盐巴、 胡椒调味。

4. 加入虾仁、 芦笋继续拌炒， 待香气飘散出来后， 即可填入凤梨盅, 最后撒上一些坚果即可。

周医师健康好周到

　　"清明时节雨纷纷， 路上行人欲断魂。" 在这个细雨纷飞的节气里， 特别容易让人抑郁寡欢， 有没有一种食物可以帮助我们缓解呢? 有， 答案是 "糙米"。 因为在糙米中， 含有大量维生素 B 群和维生素 E， 可以帮助改善不良情绪， 让你始终充满活力。 在这道料理当中， 特别以糙米作为主角， 搭配能促进食欲的凤梨和加强代谢的姜黄， 让你在享用的同时， 也将坏心情一扫而空。

e 亩良田

副菜 （2 人份）

樱花虾地瓜紫米煎饼

材　料　　地瓜 50g、 紫米半碗、 面粉 1
　　　　　大匙、 鸡蛋 1 颗、 樱花虾少许
　　　　　（普通虾皮亦可代替）

调味料　　糖粉 1 大匙

做　法

1. 紫米预先蒸熟， 地瓜切丝。

2. 将面粉和鸡蛋搅拌成糊状， 加入紫
   米、 地瓜丝、 糖粉拌匀后， 分成均
   等的小圆块状。

3. 平底锅预热后， 加入较多的油， 以
   半煎半炸的方式， 将地瓜紫米糊煎至
   酥脆。

4. 把煎好的地瓜紫米煎饼盛盘， 用余油炒香樱花虾撒在煎饼上， 并点缀
   一些绿色生菜即可。

 周医师健康好周到

　　薯类能健脾开胃、 消食通便； 紫米含有丰富铁质， 营养价值比白米
和糙米更上一层楼； 樱花虾富含蛋白质、 钙、 磷等营养， 是补充钙质的
最佳选择。 将这三者搭配制成煎饼， 再与时令绿叶蔬菜一同享用， 是一
道兼具补钙与减肥效果的养生餐。

副菜 （2 人份）

黄豆芽凉拌海带芽

材　料　黄豆 2 大匙、 黄豆芽 1 小把、
　　　　海带芽 1 小把 （亦可用紫菜代替）

调味料　素蚝油 1 大匙、 香油 1 大匙、
　　　　白芝麻少许

做　法

1. 黄豆预先蒸熟后放凉。

2. 黄豆芽、 海带芽氽烫后冰镇。

3. 取一容器， 放入黄豆、 黄豆芽、 海带
   芽， 然后加上素蚝油、 香油、 白芝麻
   拌匀后即可享用。

美味小诀窍

海带芽是一种绿色或紫红色海藻， 泡水后会膨胀约 3 倍大小， 营养价值
高， 入口爽脆， 非常适合加入各种酱汁做成凉拌菜。

 周医师健康好周到

　　"春吃芽， 夏吃瓜"， 春天怎么可以错过豆芽！ 黄豆芽又名 "金钩
如意菜"， 在发芽的过程中， 会释放出许多珍贵营养成分， 是一款清爽
天然的健康食材。 不但能清热利湿、 润泽皮肤、 乌发美容， 对青少年生
长发育大有益处， 而且还含有大量钙质， 也是一款补钙的好食材。

饮品 （2 人份）
五谷甘薯奶昔

材　料　　地瓜 50g、 牛奶 1 杯、 鲜奶油 1 大匙、 五谷粉少许、
芝麻粉少许

做　法

1．将地瓜蒸熟后， 放进调理机中， 加入牛奶打成汁。

2．再加入鲜奶油、 五谷粉增加浓稠度， 口感就会更滑顺。

3．将打好的奶昔倒入杯中， 撒上五谷粉、 芝麻粉即可享用。

周医师健康好周到

这是一款粗粮搭配牛奶， 完美演绎
"食物补钙" 的料理。 牛奶含钙量
丰富， 每 100 克的牛奶当中， 含钙
量约达 120 毫克， 是普通人体每日
钙需求量的 1/7， 为理想的食物钙
质来源。 但是钙质必须与维生素 D3
结合， 才能为身体所用。 而这杯五
谷甘薯奶昔中， 不但有牛奶的钙质，
还结合了粗粮中的大量维生素 D3， 最能
帮助身体吸收钙质， 让你喝出活力与健康。

凤梨胡萝卜山粉圆

材　料　　凤梨 60g、　胡萝卜 20g、　山粉圆 1 小匙
调味料　　蜂蜜适量

做　法

1. 把山粉圆用滚水泡开，　放凉后冰镇。

2. 将凤梨、　胡萝卜切块，　以 3：1 的比例，　用果汁机打成果汁。　若是太浓稠可再加入适量开水。

3. 倒入透明果汁杯中，　再加入山粉圆即可。　喜欢较甜口感者，　可再加入蜂蜜调味。

 周医师健康好周到

　　在胡萝卜当中，　除了含有能保护眼睛的胡萝卜素之外，　还含有丰富的维生素，　以及钙、　磷、　铁等多种矿物质，　可说是最好的纯天然综合维生素补充品。　多吃胡萝卜还可促进生长发育、　增强免疫力，　甚至具有抗癌的作用。　但食用时最好别去皮，　因为它的营养精华大多都在表皮上。

关键字： 一日之计在于晨

宜　食： 薏米、 黑芝麻

慎　防： 热湿、 肝气郁结

保　健： 按摩十宣穴

常言道 "春雨贵如油"， 描述的是谷雨节气雨水之于农耕的重要性。 但是对我们的身体而言， 这个时节的雨水却显得有些过多了! 在春天的最后一个节气里， 气温升高， 降雨量增多， 身体的湿气不容易排出， 稍不注意， 体内的热和湿气相结合， 就容易形成 "热湿"。

6

谷雨篇

4 月 19 日 ~ 4 月 21 日

"做天难做谷雨天，稻要温暖麦要寒"

周医师健康加油站

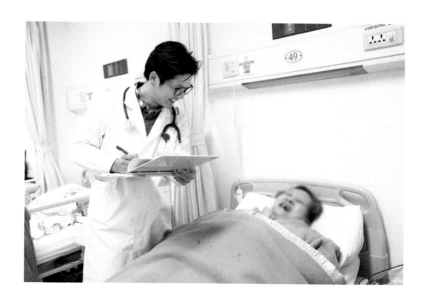

常言道 "春雨贵如油"， 描述的是谷雨节气雨水之于农耕的重要性。 但是对我们的身体而言， 这个时节的雨水却显得有些过多了! 在春天的最后一个节气里， 气温升高， 降雨量增多， 身体的湿气不容易排出， 稍不注意， 体内的热和湿气相结合， 就容易形成 "热湿"， 会诱发老年人关节疼痛、 腰背疼痛、 风湿病或哮喘发作等。 儿童则表现在扁桃体肿痛、 支气管炎、 咳嗽等症状。

从西医的角度来看， 谷雨前后柳絮飘飞、 百花齐放， 是花粉过敏症的好发期。 而春夏之交， 也是忧郁症等身心症的好发期。 中医认为， 春季忧郁症的发病原因在于 "肝气郁结"。 肝属木， 木应是舒展的。 一旦肝气郁结， 有如树木被压抑捆绑， 无法随心所欲地抽枝、 生长， 就会出现忧郁、 悲伤、 大怒等情绪紊乱的状况。

晨起运动，吐浊纳清，有助于新陈代谢

为了预防这些疾病发生，我们需要祛湿利水，多吃一些能健脾除湿的食物，例如薏仁和山药，还有芡实、黑豆、冬瓜、山药、百合、木耳等，都可用来入菜或熬粥，最养脾胃。而黑芝麻、小麦胚芽等谷类食物，富含维生素B群，有助于缓解精神压力和调节情绪，也非常适合在这个节气食用。所谓"谷雨夏未到，冷饮莫先行"，春夏之交尽管气温回升，仍应避免冷饮寒凉的食物。在生活起居方面，可以适当地晚睡早起。俗话说"一年之计在于春，一日之计在于晨"，此时的早晨，是一天中阳气生发之时，也是一年中生机最旺盛的时候。早起进行户外运动，可促进体内外气体交换，吐浊纳清，有助于新陈代谢，使人精力充沛。

按摩十宣穴可调节情绪，怡神健脑

日常保健运动方面，推荐大家每日按摩"十宣穴"。"十宣穴"位于十根手指尖端的正中央，左右手共十个。"宣"即为宣泄，所以刺激此穴，最能调节情绪、怡神健脑。按摩十宣穴最简便的方式，是用拇指的指甲用力反复重掐，以有酸痛感为主，且每次不超过5分钟为宜。另外，也可用"十宣"从额头开始往后脑方向做点叩动作，既刺激十宣，又可提神醒脑，是缓解脑神经衰弱、头痛、忧郁症、失眠等的常用方法。

主菜 （2 人份）

日式虾卵红藜芦笋

材　料　　芦笋 1 把、 红藜麦 1 大匙、 日式虾卵 1 大匙 （台湾省可用新
　　　　　鲜飞鱼卵）

调味料　　盐巴、 太白粉各少许； 鸡高汤 150ml

做　法

1. 红藜麦预先蒸熟。
2. 芦笋烫熟后摆盘。
3. 用鸡高汤煨煮红藜麦， 加入盐巴调味， 然后用太白粉水勾芡， 再加入日式虾卵拌匀后做成酱料。
4. 然后将做法 3 的酱料浇淋在芦笋上即可。

周医师健康好周到

　　这道料理是来自于大海的馈赠， 在这个时节刚刚出海的飞鱼所产的卵， 被我们誉为 "海黄金"， 里头含有极为丰富的营养成分， 包括大量的蛋白质、 钙质、 矿物质， 以及维生素 A、 B、 D 等。 在这道创意料理当中， 还结合了全营养植物红藜麦以及蔬菜之王芦笋， 可说是谷雨时节补充元气的最佳选择。

白果五谷金枪鱼

材　料　金枪鱼 （或鲔鱼）300g、 白果 20g、 五谷米 1 大匙、
　　　　生菜少许

调味料　柴鱼酱油 2 大匙、 素蚝油酱少许

做　法

1. 五谷米预先蒸熟。
2. 柴鱼酱油加入同比例的水稀释过。
3. 取新鲜金枪鱼汆烫后冰镇， 浸泡在做法 2 的柴鱼酱油里腌渍 1 小时。
4. 将腌渍好的金枪鱼取出， 切片后排入盘中， 上头以五谷米、 白果、
   生菜加以点缀。
5. 在鱼肉侧边刷上少许素蚝油酱增添风味即可。

周医师健康好周到

　　"谷雨夏未到， 冷饮莫先行"， 在这个春夏交界的时节， 天气渐渐热了起来， 但身体尚未适应这样的节奏， 所以并不适合吃太过生冷的食物。 在此推荐给大家这道料理， 是用五谷米代替色拉酱， 搭配汆烫后腌渍的金枪鱼， 是一款既能吃饱， 也能吃巧， 同时营养更全方位的创意料理， 让人愈吃愈健康， 愈吃愈有味。

副菜 （2人份）

梅香西红柿渍嫩姜

材　料　　圣女西红柿 300g、 泡嫩姜
　　　　　30g、 话梅 5 颗、 薏仁 1 大匙
调味料　　糖 50g、 白醋 40ml

做　法

1. 薏仁预先蒸熟。

2. 圣女西红柿先用热水氽烫过， 剥除
外皮。

3. 糖和白醋以 1： 0.8 的比例调和成酱汁。

4. 将圣女西红柿、 话梅、 泡嫩姜、 薏
仁， 加入做法 3 的酱汁， 再倒入可以
淹过西红柿的开水， 放进冰箱里腌渍隔
夜即可。

周医师健康好周到

　　谷雨节气多雨水， 因此在养生方面更需要 "祛湿利水"。 而薏仁有
健脾祛湿的功效， 搭配健康的西红柿和清爽的嫩姜一同腌渍， 酸酸甜甜好
风味， 最是让人无法抗拒。

五谷野蔬西瓜卷

材　料　润饼皮、 西瓜、 苜蓿芽1小
　　　　 把、 五谷米半杯
调味料　五谷粉适量

做　法

1. 五谷米预先蒸熟。

2. 西瓜切成长形小片。

3. 取一张润饼皮， 依序放入苜蓿芽、 西瓜
   片、 五谷米等食材。

4. 撒上五谷粉， 然后将润饼皮卷起即可
   享用。

周医师健康好周到

　　这是从传统春卷改良而来的一道创意料理。 不煎不炸， 符合了现代健
康烹饪方式的要求。 以苜蓿芽、 西瓜片、 五谷米为馅料， 不但清爽健
康， 让身体没有负担， 也完美演绎了 "粗粮细做" 的精神。

汤品 （2 人份）

眉豆牛蒡炖鸭汤

材　料　　鸭肉 300g、 眉豆 1
　　　　　大匙、 牛蒡 1 支
调味料　　枸杞适量、 盐巴少
　　　　　许、 鸡高汤 450ml

做　法

1． 眉豆预先烫熟。

2． 鸭肉切小块， 汆烫去血水
　　后取出。

3． 将鸭肉、 眉豆、 牛蒡加
　　入鸡高汤当中， 放进蒸笼
　　里， 以小火炖煮 1 小时
　　左右。

4． 取出后以少许盐巴调味，
　　上头撒上一些枸杞即可。

周医师健康好周到

　　鸭肉的脂肪含量适中， 且多为不饱和脂肪酸， 化学成分类似橄榄
油， 能保护心脏、 预防冠状动脉粥样硬化， 同时还具有容易消化、 几乎
不会增加身体胆固醇等优点。 而牛蒡是保健型蔬菜， 营养价值和药用价值
均高， 与眉豆一起煮汤， 口感丰富又健康。

五谷南瓜玉米汁

材　料　　南瓜 200g、　罐头玉米粒 2 大匙、　五谷米 1 小匙、　五谷粉
　　　　　 1 小匙、　鲜奶 500ml、　鲜奶油 2 大匙

做　法

1. 南瓜蒸熟后去皮备用。　五谷米预先蒸熟。

2. 鲜奶油打发泡。

3. 在调理机中，　加入南瓜、　玉米粒、　鲜奶，　一同打成汁。

4. 取透明果汁杯，　先倒入八分满的做法 3，　然后加入打发泡的鲜奶油，　并撒上五谷米和五谷粉即可。

周医师健康好周到

　　在这道饮品当中，　结合了三种高营养价值的食材，　分别是玉米、南瓜和五谷米，　除了健康养生之外，　香浓滑顺的口感也非常协调。南瓜富含果胶，　可以保护胃肠道黏膜，　还能黏附消除体内有害物质，非常推荐给处于大环境污染下的现代人。

夏季总论

时序入夏， 进入最旺盛的生长期

夏季共有六个节气， 分别是： 立夏、 小满、 芒种、 夏至、 小暑、 大暑。 历时三个月， 期间还经历了一年当中的至阳之日 "端午节"， 以及细雨纷飞、 阴雨连绵的 "梅雨季"。 夏日艳阳高照， 人们的热情也跟着被挑动起来， 纷纷开始 "不安于室"， 想要走出户外从事各种活动。 而自然界的飞禽走兽， 也大多选择在这个季节交配， 繁衍出下一代。 花草植物开花结果， 五颜六色， 让大地呈现出多彩多姿的缤纷气息。

对于人们而言， 立夏代表着春季结束， 夏季由此正式展开。 延续春天万物复苏的蓬勃朝气， 一切都进入了最旺盛的生长期。 在这六个节气里， 有着充沛的阳光、 丰富的雨水， 以及不断推升直到顶盛的阳气。 但同时， 也喻示着就要来到盛极而衰、 阳极转阴的分水岭了。

"热" 与 "湿"， 顽强的头号敌人！

从中医养生角度来看， 在这夏天的六个节气里， "卫阳养心" 是贯穿其间的重点项目。"卫阳"的精髓，在于好好保护我们体内的阳气，并且将环境中有益的阳气转化为可供我们利用的能量。

然而值此盛夏，"热"与"湿"却像是两个顽强的头号敌人，不断对我们轮番攻击。在溽暑难耐的情况下，最容易因为心浮气躁而生气发火、情绪激动，以致血管扩张、全身发热，埋下了心血管疾病发作的导火线。因此夏季养生更讲求"养心"——让心静下来。过去老一辈常耳提面命"心静自然凉"，此刻想想，的确是有他的道理。

防暑邪、防湿邪、护阳气

诗人泰戈尔说："生当如夏花之灿烂，死当如秋叶之静美。"从中可见夏季的美好与活力，我们千万不能辜负这一年当中至阳的人间好时节。你的身体准备好迎接盛夏了吗？在这"日头赤炎炎"的三个月里，我们应该如何"防暑邪"、"防湿邪"、"护阳气"呢？要怎么吃、怎么活动，才能真正对身心有所助益呢？从西医的角度来看，这个时节又潜伏着哪些疾病等待我们踏入陷阱呢？一起来探索吧！

关键字： 注夏

宜　食： 清淡稀食

慎　防： 暑热来袭易上火

保　健： 拍打四肢

　　夏季来了，艳阳高照，气温攀升，最真切的感受就是"热"！无论体内、体外皆热。不知道从何时起，许多朋友会开始感觉到多汗疲劳、四肢无力、食欲减退，此即为"注夏"的典型症状，也称为"痰夏"或"暑热症"，尤其孩童的感受会特别明显。

7

立夏篇

5月5日～5月7日

"立夏无雨三伏热，重阳无雨一冬晴"

周医师健康加油站

伴随暑热，容易出现"上火"的病症

夏季来了，艳阳高照，气温攀升，最真切的感受就是
"热"！无论体内、体外皆热。不知道从何时起，许多朋友
会开始感觉到多汗疲劳、四肢无力、食欲减退，此即为"注
夏"的典型症状，也称为"疰夏"或"暑热症"，尤其孩童
的感受会特别明显。此时我们的脏腑呈现"肝气渐弱、心气渐
强"的状态，伴随暑热，容易出现"上火"病症，整个人显
得焦躁易怒，动不动就想发脾气。

从西医角度来看，立夏是口疮、便秘、胃肠道疾病、心
血管疾病的好发期。为了预防上述疾病，饮食上要尽量以清淡
稀食为主，注意维生素和水分的补充，煮粥和煲汤都是不错的
选择。多吃些清热利湿的消暑食物、凉性蔬菜和水果，最有利
于生津止渴、除烦解暑、清热泻火、排毒通便，比如苦瓜、
黄瓜、西红柿、芹菜、生菜、芦笋、茄子等，都属于凉性

蔬菜。

此外， 夏季人体消化系统趋弱， 却经常因为天气炎热， 而食用一些冰冻的食品或饮料， 使肠胃受到低温刺激， 导致生理功能失调， 进而出现腹泻、 恶心、 头晕、 呕吐等症状。 如果食欲下降、 心情烦躁， 建议可用 "醋" 入菜， 有清爽开胃的效果。 在蛋白质补充方面， 鱼、 蛋、 奶、 豆制品都是不错的选择。 由于大量出汗是立夏时节的常态， 通常容易伴随气虚， 因此推荐大家可食用小米来补气。 小米含钾量高， 也可以补充身体因流汗而损失的无机盐， 对高血压患者也多有助益。

拍打四肢帮助通经活络

生活起居方面， 由于立夏时节天亮得早， 昼长夜短， 大家多半是晚睡早起， 所以可以适度增加午睡时间， 以确保体力充沛。 日常保健操方面， 推荐大家每日拍打四肢， 帮助通经活络、 强化脏器循环。 方法非常简单： 两脚张开与肩同宽， 将左手臂向前平举， 右手掌弓成空心状， 依序拍打左肩、 左臂、 左手肘， 然后改成相反方向重复一次； 接着将双手手掌往下， 沿大腿内外侧、 膝关节、 小腿内外侧一路拍打。 次数不拘， 只要有空时便可进行。

 主菜 （2 人份）

带鱼薏仁煮胡瓜

材　料　　带鱼 2 块、 胡瓜 1 条、 薏仁 2 大匙、 眉豆 1 小匙

调味料　　盐巴、 胡椒、 姜丝各少许； 高汤 1 量米杯

做　法

1. 薏仁、 眉豆预先蒸熟。 胡瓜切小块。

2. 将带鱼双面煎熟后， 加入高汤、 姜丝同煮 5 分钟。

3. 将带鱼取出备用。 然后在汤汁中加入胡瓜、 薏仁、 眉豆， 煨煮 10 分钟。

4. 加入少许盐巴、 胡椒调味后， 再放入带鱼同煮 3 分钟即可盛盘享用。

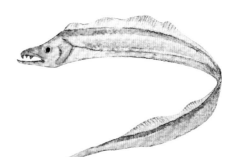

周医师健康好周到

　　到了立夏， 湿气还是很重， 这道料理中的薏仁， 具有清热利湿的作用， 可以帮助我们排除体内湿气。 而白带鱼富含维生素 D， 可促进钙质吸收； 含有镁， 可帮助增强记忆力、 让智力发育更完善， 还可以改善高血压和高血脂、 预防老年失智症， 特别推荐成长中的孩童、 青少年以及长者食用。

e 亩良田～

主菜 （2 人份）

五谷养生苹果虾松

材　料　　虾仁 10 尾、 苹果半个、 芹菜 1 根、 萝蔓叶数片、 红藜麦 2
　　　　　小匙、 蒜 2 瓣

调味料　　盐巴、 胡椒、 香油、 柴鱼片各少许

腌　料　　蛋白 1 颗、 太白粉 2 小匙、 胡椒粉 1 小匙

做　法

1. 红藜麦预先蒸熟。

2. 将虾仁加入腌料中拌匀， 静置 10 分钟备用。

3. 萝蔓叶洗净、 冰镇后， 沥干水分备用。

4. 蒜切末。 芹菜、 虾仁切丁。 苹果去皮切丁。

5. 起油锅爆香蒜末， 然后放入虾仁拌炒至变色。

6. 加入芹菜丁、 红藜麦一同拌炒， 待水分收干后， 以少许盐巴、 胡椒
   调味。

7. 起锅前加入苹果丁、 香油拌匀， 铺在萝蔓叶上， 并撒上少许柴鱼片
   增添风味即可。

周医师健康好周到

　　这是一道改良版的健康虾松料理， 使用苹果丁、 红藜麦等养生食材来
代替老油条。 如此一来， 既有爽脆口感， 又有清甜果香， 还有粗粮的营
养与饱足感， 一举数得， 好处多多。

红米胡麻美人腿

材　　料　　茭白 3 根、 红薏仁 1 大匙、 芦笋 2 根、 萝蔓生菜心 2 片
调味料　　和风胡麻酱 1 大匙

做　法

1．红薏仁预先蒸熟。

2．茭白、 芦笋用水煮熟后冰镇备用。

3．把冰镇好的茭白切段立于盘中， 撒上红薏仁， 并以芦笋、 萝蔓生菜心点缀其间。

4．淋上和风胡麻酱汁即可享用。

周医师健康好周到

茭白必须在水中生长 4 个月左右才能收成， 所以又称为 "水笋"， 口感鲜甜脆嫩， 水分丰富， 具清热解毒作用， 非常符合立夏节气的养生需求。 此外， 由于茭白笋的碳水化合物、 脂肪含量都很低， 所以也特别推荐给有减重需求的人及高血脂患者食用。

副菜 （2 人份）

糙米豆腐黄瓜封

材　料　　黄瓜 1 根、 糙米 1/2 量米杯、 豆
　　　　　腐 1 块、 红藜麦 1 小匙、 太白粉 2
　　　　　小匙、 调味素高汤 2 大匙
酱　汁　　南瓜 1 小块； 盐巴、 鸡高汤适量

做　法

A　酱汁的部分：

　　南瓜蒸熟后， 加入鸡高汤、 盐巴， 然后以果汁机打成酱汁即可。

B　糙米豆腐黄瓜封的部分：

1. 将糙米、 红藜麦预先蒸熟。

2. 黄瓜洗干净后去皮， 拦腰切对半。 取下端较圆处， 用水稍微煮软，
　　然后将籽挖出， 形成瓜盅。

3. 将糙米、 豆腐、 太白粉以及调味素高汤用果汁机打成泥， 填入黄瓜
　　盅内。

4. 取一深盘， 下方垫上一张锡箔纸或料理纸预防沾黏。 将黄瓜以切口朝
　　下的方式置入盘中， 然后放进蒸笼内蒸 40 分钟左右。

5. 将黄瓜取出后， 上头浇淋 A 酱汁， 并撒上红藜麦即可。

周医师健康好周到

　　黄瓜是凉性蔬菜的典型代表， 有美容、 减肥、 清热、 解毒、 利
水、 消肿等作用； 豆腐营养丰富， 钙含量高； 糙米具有丰富维生素、
矿物质与膳食纤维。 利用这三种健康食材创作出的料理， 是立夏时节的餐
桌良伴。

汤品（2人份）

空心菜芡实排骨汤

| 材　料 | 排骨半斤、 空心菜1把、 芡实 1/2 量米杯 |

| 调味料 | 盐巴、 胡椒、 香油各少许；米酒 2 大匙 |

做　法

1. 排骨氽烫去血水。 空心菜切小段。 芡实预先蒸熟。

2. 将排骨加入清水中炖煮 30 分钟。

3. 汤中加入芡实， 续煮 20 分钟， 然后以盐巴、 胡椒、 香油、 米酒调味。

4. 加入空心菜烫熟后即可起锅。

 周医师健康好周到

　　立夏后应多食凉性蔬菜， 有利于生津止渴、 清热解暑。 而空心菜是此一节气的新鲜时蔬， 亦为碱性蔬菜， 营养价值很高。 芡实有补中益气、 除暑疾的作用， 与排骨一起炖汤， 能补充身体所需能量， 但要注意芡实一次不宜食用过多， 以免难以消化， 且妇女产后忌食。

桂花荔枝薏仁羹

材　料	荔枝6颗、 薏仁2 大匙、 枸杞少许、 水4碗
调味料	桂花酱1小匙、 冰糖适量

做　法

1. 取2只空碗， 将荔枝剥皮去籽后平均放入碗中， 并加入少许枸杞。

2. 薏仁加水， 炖煮出黏稠度。

3. 加入冰糖和桂花酱调味， 然后盛入做法1的碗中。

4. 放进蒸笼或电饭锅里炖煮10分钟后即完成。 热食或冰凉后再吃都很美味。

周医师健康好周到

　　荔枝是这个节气的时令水果， 有开胃益脾、 促进食欲、 补脑健身的作用， 尤其适合体质虚弱者食用。 立夏节气要防注夏 （暑热症）， 不妨吃些荔枝， 但是以每日3～5颗为宜， 不可一次食用过多。 有上火症状者忌食。

关键字： 吃苦尝鲜
宜　食：扁豆
慎　防：热、湿
保　健：揉按足三里穴

小满的 "满"， 一则有大麦、 冬小麦等夏收作物籽粒饱满之意； 二则有雨水充沛盈满之意。 小满过后， 天气逐渐炎热， 雨水开始增多， 预示着闷热、 潮湿的夏季即将登场。 而与此同时， 大自然中的阳气已经相当充实， 也处于一个 "小满" 的状态。 暑气与湿气联手来袭， 容易引发四肢沉重、 疲劳、 失眠、 食欲下降、 恶心、 头晕等症状。

8

小满篇

5 月 20 日 ~ 5 月 22 日

"玉历检来知小满，又愁阴久碍蚕眠"

周医师健康加油站

小满节气养生重点在于 "防热防湿"

小满的 "满"， 一则有大麦、 冬小麦等夏收作物籽粒饱满之意； 二则有雨水充沛盈满之意。 小满过后， 天气逐渐炎热， 雨水开始增多， 预示着闷热、 潮湿的夏季即将登场。 而与此同时， 大自然中的阳气已经相当充实， 也处于一个 "小满" 的状态。 暑气与湿气联手来袭， 容易引发四肢沉重、 疲劳、 失眠、 食欲下降、 恶心、 头晕等症状。

从西医角度来看， 天气闷热潮湿， 风湿病、 脚气、 湿疹、 痤疮、 妇科炎症、 水肿、 肥胖等病症也都伴随而至。 因此小满节气的养生重点， 是要做好 "防热防湿" 的准备。 在食物方面， 想要吃出 "健脾祛湿、 清心祛暑" 的效果， 就需要我们 "吃苦尝鲜" 了！也就是在日常饮食当中， 可以适量补充属性 "甘凉" 或 "甘寒" 的食物。

所谓的 "吃苦"， 是指多吃带有苦味的蔬菜， 因为它们通常属性 "甘凉" 或 "甘寒"， 例如苦瓜、 苦菜、 笋、 芜菁（大头菜）， 等等。 而所谓的 "尝鲜"， 则是要吃当令时鲜，例如黄瓜、 樱桃等， 能有效补充维生素、 水分和微量元素。粗粮方面， 向大家推荐 "扁豆"， 能健脾和中、 消暑清热、解毒消肿。 中医主张 "夏养心"， 而心喜凉， 可以适量食用一些带有酸味的食物。 由于夏天排汗量大， 也别忘了多喝一些清淡、 容易消化的羹汤或果汁。

日常保健——揉按足三里穴

生活起居方面， 仍建议大家顺应夏季阳长阴消的规律， 晚睡早起， 适度增加午睡时间。 此外， 不宜从事剧烈运动， 以避免大汗淋漓， 既损阴也伤阳。 由于天气炎热、 情绪波动强烈， 容易引发高血压、 心脑血管疾病， 因此 "平心静气" 才是养心上策。 日常保健方面， 可以经常揉按足三里穴——采坐姿， 膝屈曲， 手掌心贴于膝盖骨上， 四指自然垂放， 此时无名指尖触碰到的位置即为足三里穴。 请以拇指着力于此穴位上揉按， 让刺激充分达到肌肉组织深层， 产生酸、 麻、 胀、 痛等感觉， 持续数秒后渐渐放松。 经常揉按此穴位， 能帮助调节免疫、 增强抵抗力。

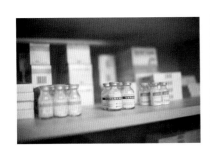

小米蒜蒸笋壳鱼

材　料　　笋壳鱼 1 尾、　蒜 10 瓣、　小米 2 大匙

调味料　　香油少许、　柴鱼酱油 1 大匙

做　法

1．小米预先蒸熟。

2．蒜切末，　均分成两份。

3．起油锅，　将一份蒜末炒香成蒜酥。

4．将炒好的蒜酥，　和另一份生蒜末、　小米、　香油、　柴鱼酱油以及 2 大匙的水拌匀后，　淋在鱼肉上。　然后放入蒸锅，　以大火蒸 15 分钟即可完成。

周医师健康好周到

　　小满节气已经进入夏天了，　在身体调养方面，　要尽量避免烧烤或油炸的饮食。　这道料理利用健康的蒸煮烹调方式，　以蒜香带出笋壳鱼的自然清甜好味道，　再利用小米吸附鱼汁中的鲜味精华，　吃一口你就明白：　原来养生也可以很美味！

和风生菜石斑鱼

材　料　　整块石斑鱼肉 （台湾省可选用当令的渔获鬼头刀）、 各色生菜
　　　　　及苜蓿芽适量、 鸡蛋 1 个、 红藜麦 1 小匙、 白芝麻少许、
　　　　　太白粉 1 大匙

调味料　　和风胡麻酱

做　法

1. 将蛋液和太白粉调成薄薄的面衣。

2. 将各色生菜洗净冰镇后沥干备用。

3. 石斑鱼肉先用少许盐巴腌过， 然后裹上做法 1， 以小火半煎炸的方式， 煎至鱼肉熟透后取出， 切成小块。

4. 将各色生菜、 苜蓿芽排入盘中铺底， 放上石斑鱼肉块， 撒上红藜麦及白芝麻。

5. 食用前， 再淋上和风胡麻酱即可。

周医师健康好周到

　　鬼头刀是小满节气的盛产渔获， 含有丰富维生素 B6、 烟碱酸、 蛋白质、 脂肪， 在这个季节享用最是美味， 能让你一口吃进来自大海的生命力。 在天气渐渐炎热的夏日， 将鬼头刀搭配各色生菜佐和风酱汁享用，堪称视觉与味觉的双重飨宴。

e畝良田～

虾皮薏仁煮胡瓜

材　料　　胡瓜半条、 虾皮 1 小把、 薏仁 2 大匙、 鸡高汤 1 量米杯
调味料　　柴鱼酱油 2 小匙、 太白粉 1 小匙

做　法

1. 薏仁预先蒸熟。 虾皮用少许油干煸出香气备用。

2. 胡瓜切块状， 加入鸡高汤炖煮至软。

3. 先以柴鱼酱油调味后， 再加入少许太白粉水勾芡。

4. 加入薏仁续煮 5 分钟后盛盘， 并撒上虾皮即可享用。

周医师健康好周到

在小满节气想吃出 "健脾祛湿、 清心祛暑" 的效果， 就要懂得 "吃苦尝鲜"。 像是胡瓜这种典型的凉性蔬菜， 即属小满节气的当令时鲜， 有美容、 减肥、 清热、 解毒、 利水、 消肿的作用。 搭配能健脾去湿的薏仁， 以及海中超强补钙食物虾皮， 简简单单却最有滋味。

胡麻木鱼片凉拌豆腐秋葵

材　料　　豆腐 1 盒、　秋葵数根、　木鱼片适量、　红藜麦 1 小匙

调味料　　和风胡麻酱 1 大匙

做　法

1．红藜麦预先蒸熟。

2．秋葵汆烫熟，　过冰水后切成薄片。

3．豆腐切成小粒方块，　和做法 2 的秋葵拌在一起，　盛盘。

4．淋上和风胡麻酱，　撒上红藜麦，　并放上木鱼片即完成。

周医师健康好周到

秋葵性寒、　味苦，有补肾壮阳、　清热利湿的功效；豆腐性凉，　可益气中和、　生津润燥、　清热解毒。加入红藜麦、　木鱼片后，　更增添营养与风味。这道料理利用凉拌的烹调方式，　在夏天吃最是爽口开胃。

双椒竹笋排骨汤

材　料　排骨半斤、 竹笋1支、 姜1小块
调味料　白胡椒、 青花椒、 盐巴各少许

做　法

1. 姜切片。 竹笋带壳整支泡在水中， 煮40分钟左右至熟 （水中加少许生米， 煮出来的笋会更甜， 或是用电饭锅蒸熟亦可）。

2. 将煮熟后的竹笋取出， 去壳切成片状。

3. 排骨汆烫去血水， 然后加入清水、 姜片、 青花椒， 以小火熬煮30分钟左右。

4. 待排骨出味后， 再加入笋片续煮15分钟， 并以少许盐巴、 白胡椒调味即可。

周医师健康好周到

　　小满节气莫忘 "吃苦尝鲜" 的养生口诀！此季的竹笋， 正是典型的 "苦味" 蔬菜， 富含优质蛋白质以及人体所需的18种胺基酸， 而且粗纤维丰富， 能促进肠道蠕动、 帮助消化、 防止便秘。 与排骨一起炖汤， 还可以吸附大量油脂， 让汤头喝起来更清爽美味喔！

饮品 （2 人份）

小米杨枝甘露

材　料　西谷米 3 大匙、 杨桃 2 片、 芒
果 1 个、 鲜奶 250ml、 椰浆
100ml、 柚子肉少许 （亦可不
加）

调味料　果糖适量

做　法

1． 将西谷米预先煮好， 放冷备用。

2． 将芒果加入椰浆、 鲜奶， 用果汁机打
成果汁。

3． 加入预先煮好的西谷米和柚子肉搅拌
均匀。 偏好较甜口感者可再加入适量
果糖。

4． 盛入碗中， 上头以杨桃点缀即可。

 周医师健康好周到

　　西谷米是一种加工米， 主要成分为淀粉， 有温中健脾， 治脾胃虚
弱、 消化不良的效果。 椰浆清凉消暑、 生津止渴， 适合在夏天享用。
这道饮品带有浓浓的南洋风， 配合时令水果别具夏日风情， 但也提醒糖尿
病患者不适宜饮用。

关键字：端午节
宜　食：薏仁＋红豆
慎　防：暑湿、伤风
保　健：温泉浴

芒种过后，意味着气温逐渐升高，暑热即将来袭。这样的天气状况，使得热伤风和季节性传染病防不胜防。当闷热难耐时，心脏负荷会逐渐增加，加上夜间睡眠质量不良，成为心脑血管疾病的好发期。

9

芒种篇

6月5日~6月7日

"芒种雨，水流坑；芒种晴，日晒路"

周医师健康加油站

芒种节气，慎防热伤风和季节性传染病

芒种节气，在进入现代社会后，与我们生活最贴近的关键字便是"端午节"了。提到端午，大家脑海中浮现的一定是粽子，此外可能还有梅子、桑葚等当令水果。这些都是让人感到幸福的美食画面。相反的，也会有让人不开心的画面，那便是阴雨绵绵的黄梅天。"黄梅时节家家雨"，滴滴答答，仿佛永远下不完。而晒不干的衣物上，总是飘散着一股霉味，即使白娘子也会难以忍受这样的闷热与潮湿。

"减酸增苦"以补肾助肺，调理胃气

芒种过后，意味着气温逐渐升高，暑热即将来袭。这样的天气状况，使得热伤风和季节性传染病防不胜防。当闷热难耐时，心脏负荷会逐渐增加，加上夜间睡眠质量不良，成为心脑血管疾病的好发期。

从中医的观点来看，我们需要在饮食上"减酸增苦"，才能补肾助肺，调理胃气。而端午节包粽子

用的苇叶与荷叶，具有清热解暑作用；糯米馅可益气、生津、清热；红枣和栗子更是解暑的佳品。所以端午节吃粽子，可说是古人的一种养生智慧。但是对于老人、儿童，或是糖尿病、胃肠道疾病的患者而言，仍应慎食为宜。

薏米+红豆——除湿、补心、清热、健脾胃

另外，在芒种节气"瓜族"当道，俗话说"春吃芽，夏吃瓜"，像是苦瓜、黄瓜、丝瓜、冬瓜、枮瓜、木瓜、西瓜、香瓜……最好一个都别错过！在粗粮的部分，向大家推荐"薏米+红豆"，既能除湿又能补心，还具有清热、健脾胃的效果。

日常保健方面，推荐可行"温泉浴"。由于盛夏将至，自然界阳气旺盛，而人体内的阳气也达到高峰。此时皮肤腠理开泄（皮肤、肌肉的纹理或汗孔张开），在浸泡温泉浴时，能让大量矿物质经由皮肤渗入体内，加强新陈代谢，促进排毒养颜。若是使用药浴，还能让药物渗入穴位经络，达到舒通经络、活血化瘀、祛风散寒、清热解毒、祛湿止痒等多重效果。

白果麦仁鲜鱿米糕

材　料　　鲜鱿鱼1尾、 燕麦1/2量米杯、 芦笋1根； 白果、
　　　　　眉豆各6颗

调味料　　盐巴、 胡椒各少许

做　法

1． 燕麦预先蒸熟。 白果、 眉豆先烫熟。

2． 将做法1拌匀后， 加入少许盐巴、 胡椒调味。

3． 鱿鱼洗净， 去除内脏后， 将做法2塞入。

4． 放进蒸笼， 以高温大火蒸约25分钟， 取出放凉
　　后切片享用。

周医师健康好周到

　　有句俗谚说： "芒种芒种， 少吃肉、 多吃饭。"
因为这段时期进入了所谓的 "梅雨季"， 天气又湿
又热， 人也容易四肢无力， 食欲不振。 为了调节身
体平衡， 可以选择清淡饮食， 从五谷精华当中， 得
到最理想的营养补给， 让你的身体在芒种节气健康没
负担。

主菜 （2 人份）

小米蒜酥佐带鱼

材　料　　带鱼 2 块、 小米 1/2 量米杯
调味料　　蒜瓣、 胡椒盐各少许

做　法

1． 小米预先蒸熟。 蒜切末。

2． 取新鲜带鱼， 先在鱼肉上轻轻划几道斜刀口。

3． 热油锅， 将带鱼两面煎过、 定型后取出备用。

4． 用锅内余油炒香蒜末和小米， 待呈金黄色酥脆状后， 再加入做法 3 的
带鱼同煎， 让带鱼吸收了蒜头的香气。

5． 盛盘后， 撒上少许胡椒盐调味即可。

周医师健康好周到

　　过去我们常常会推荐利用小米来熬粥的做法， 但是这道料理别出心
裁， 把小米和蒜蓉炒到酥脆， 仿佛爆米花的口感， 再搭配干煎带鱼享
用， 不但营养丰富， 口感也让人为之惊艳。

e亩良田～～

红藜野笋素蒸果

材　料　　香菇2朵、 杏鲍菇1根、 笋1支、 红藜麦1小匙、 淀粉1/2
　　　　　量米杯、 太白粉 （或地瓜粉）1小匙
调味料　　素蚝油少许

做　法

A　　内馅的部分：

1. 香菇、 杏鲍菇、 笋切小
丁， 烫熟。

2. 加入少许太白粉 （或地瓜
粉）、 素蚝油搅拌均匀，
备用。

B　外皮的部分＋组合：

1. 淀粉加入热水拌成团状 （淀
粉：水=1： 1.5）。

2. 加入红藜麦后反复揉搋， 请先搓成长条状， 然后分切成均等小粒，
最后再以擀面棍擀制成圆形面皮状。

3. 将A内馅包入做法2的面皮中， 中大火蒸约6分钟即完成。

周医师健康好周到

　　这道素蒸果， 是使用以红藜麦和地瓜粉揉制而成的面皮， 取替了传统
白面皮， 不仅口感Q弹， 而且食材也更健康。 以笋和菌菇制成的馅料，
符合芒种时节 "减酸增苦" 的养生需求。 整道料理粗粮细做， 口感精
致， 还兼具体内环保的效果。

五谷杂粮粽

材　料　　五谷米 1 量米杯、 粽叶与粽绳各 2 份

调味料　　红曲酱 2 大匙、 盐 1 小匙、 麻油 1 大匙、 香菇粉 1 小匙

做　法

1. 五谷米预先蒸熟。

2. 在做法 1 中， 加入红曲 酱、 盐、 麻油、 香菇粉 拌匀后， 包进粽叶里。

3. 放入蒸笼中， 大火水滚 后， 转中小火蒸 30 分钟 即可。

美味小诀窍

可以一次多做一点， 放凉后置入冰箱保鲜， 想吃的时候再取出蒸热即 可， 方便美味又具有饱足感。

 周医师健康好周到

　　粽子是芒种时节的养生料理， 同时也是端午节必备的食物。 包粽子的 苇叶与荷叶可清热解暑， 主料以五谷米替代传统单一糯米， 既保留了糯米 益气、 生津、 清热的作用， 也提供了更为丰富的营养。 另外， 还可以 再加入红豆、 绿豆、 红枣、 栗子等消暑食材， 让健康美味更上一层楼。

五谷粉玉米浓汤

材　　料　　玉米粒、 玉米酱各1罐； 荞麦
　　　　　　仁1大匙、 五谷米1大匙、 五
　　　　　　谷粉3大匙、 鸡高汤500ml、
　　　　　　生菜叶少许
调味料　　盐巴、 胡椒各少许

做　法

1． 五谷米、 荞麦仁预先蒸熟。

2． 在果汁机中加入鸡高汤、1罐玉米酱和
　　1/3罐的玉米粒， 一同打成汁。

3． 将做法2倒入锅中煮开， 加入剩下的
　　玉米粒、 五谷米、 荞麦仁、 五谷粉
　　拌匀。

4． 以少许盐巴、 胡椒调味， 再点缀绿色生菜叶即完成。

周医师健康好周到

　　这道以玉米为主角， 并添加荞麦仁、 五谷米等粗粮所熬煮出来的汤
粥， 最适合目前因暑热闷湿而不思饮食的状况。 不但营养丰富， 而且兼
具清淡、 容易消化、 清热解暑等优点。

饮品 （2 人份）

薏仁绿豆荔枝露

材　料　　荔枝 6 个、 薏仁 50g、 绿豆 50g
调味料　　冰糖适量

做　法

1. 薏仁、 绿豆加水煮 30 分钟。
2. 待薏仁释出黏稠感后， 加入冰糖调味。
3. 荔枝剥好皮， 放入碗中， 加入做法 2。
4. 放进蒸笼里以小火炖煮 10 分钟即完成。

美味小诀窍

荔枝肉用炖煮的方式， 口感比较不会干柴。

且绿豆、 薏仁利湿祛水又降火， 可平衡荔枝的燥性， 冰凉后享用格外美

味， 让人暑气全消。

周医师健康好周到

　　薏仁味甘淡、 性微寒， 含有维生素 B1 和多种氨基酸， 是清除体内
湿毒的好食材， 能利肠胃、 消水肿、 健脾又益胃。 而绿豆亦食亦药，
可用以清热解毒、 消暑、 利水， 治暑热烦渴、 水肿等， 做成饮品享用
最是消暑。 也可以将绿豆替换成红豆， 享受不同口感， 一样健康美味。

　　2017 年年底，陈鸿和周祥俊受日本 TBS 电视台《ピラミッド・ダービー》节目邀请参加 "料理王" PK 赛。此节目相当于 21 世纪 "料理铁人争霸赛"。

　　陈鸿和周祥俊与三名日本厨艺界翘楚同台竞技。 作为华人代表， 他们借助中华料理常用食材 "红曲米"、 "梅子粉"、 "香菜"， 把色香味与健康元素完美糅合， 现场制作三道菜力压日本名厨， 一举夺魁。 陈鸿被日本评审团誉为天才主厨。

关键字：心静自然凉

宜　食：苦瓜、豆粥

慎　防：中暑

保　健：子午觉

　　"夏至"是一年当中阳气最旺盛的时候，"至"有"极"的意思，万物壮盛到了极点，阳气也壮大到达极致，成为一年当中黑夜最短、白昼最长的一天。然而物极必反，所以阴气也从这一天开始滋长。养生之道，就是要顺应天时，一方面保护阳气，不要让它过于旺盛而上火；一方面也要滋阴调息，养护心脏。

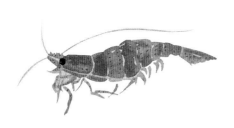

10

夏至篇

6月20日~6月22日

"夏至东风摇， 麦子水里捞"

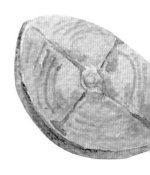

周医师健康加油站

顺应天时， 保护阳气 ； 滋阴调息， 养护心脏

"夏至" 是一年当中阳气最旺盛的时候， "至" 有 "极" 的意思， 万物壮盛到了极点， 阳气也壮大到达极致， 成为一年当中黑夜最短、 白昼最长的一天。 然而物极必反， 所以阴气也从这一天开始滋长。 养生之道， 就是要顺应天时， 一方面保护阳气， 不要让它过于旺盛而上火 ；一方面也要滋阴调息， 养护心脏。 由于天气高温湿热， 若是在阳光下曝晒时间过长， 尤其是后脑勺， 就容易引发中暑危机。 夏至昼长夜短， 睡眠质量差， 加上大量排汗， 水分流失， 使血液黏度上升、 循环受阻， 就容易诱发血栓、 心肌梗死、 冠心病、 中风等各种心脑血管疾病。

为了预防上述状况发生， 我们需要全方位调整生活作息。 在夏至前后最明显的感觉除了疲乏燥热、 心悸气短之外， 食欲也会明显下降，原因就是暑热会伤害脾胃。所以到了夏至节气，养生关键在于"健脾养心"，饮食重点就是一个"苦"字——苦味食物具有除燥祛湿、清凉解暑、促进食欲等作用，而苦中首选当然就是苦瓜了！另外，每日早、晚喝点粥，既能生津止渴，又能补养身体，保护阳气。若在粥里加入豆类同煮，更是具有消暑清热的效果。

保健养生方面，宜行"子午觉"

运动方面，最好是选在清晨或傍晚天气较凉爽时进行，不宜做过分剧烈的活动，因为大汗淋漓不仅伤阴气也会损阳气。虽然天气炎热，但仍不建议洗冷水澡，也不可以毫无节制地吹电风扇或吹冷气，这样容易引来风寒、湿邪的侵袭。

在保健养生方面，宜行"子午觉"。如果能在午时（11:00～13:00）打个盹，闭目养神休息一下，到了下午精神就会特别好。夏至阳气旺盛，在保健养生方面，既要能够保护阳气，也要顺应"阳盛于外、阴伏于内"的特点，使阴阳两气和谐顺接。而子时与午时，是一天当中阴阳两气交接的时刻，在这两个时间点的充足睡眠，最有利于身体顺应阴阳两气相接的自然规律。所以在此提醒大家："子"时之前一定要入睡，避免熬夜；"午"时也别忘了睡个午觉、打个盹，下午才能精力充沛、活力满满。

鲢鱼乳酪小米饭

材　料　鲢鱼 300g、 小米 1/2 量米杯、 芦笋 3 根、 鲜奶油 1 大匙、 马扎瑞拉乳酪丝适量、 红藜麦 1 小匙、 鸡高汤 1 量米杯、 地瓜粉 1 大匙

调味料　盐巴、 糖各少许

腌　料　胡椒、 盐巴各少许； 米酒 2 小匙

做 法

1. 小米、 红藜麦预先蒸熟。 芦笋烫熟切小粒。

2. 鲢鱼切块状， 用少许胡椒、 盐巴、 米酒腌 10 分钟备用。

3. 起油锅， 将做法 2 的鲢鱼沾上地瓜粉炸熟。 并用余油将已预熟的红藜麦也炸至酥脆。

4. 将小米加入鸡高汤煨煮， 至小米有黏稠度之后， 加入鲜奶油、 马扎瑞拉乳酪丝拌匀， 最后再加入盐、 糖调味。

5. 盛盘后， 上面摆放炸好的鲢鱼块， 并撒上红藜麦、 芦笋粒即可享用。

周医师健康好周到

　　这道料理具有地中海饮食的特色， 使用天然谷类、 乳酪、 鲢鱼入菜， 让身体没有太多负担， 可以安心享用。 酥脆的鲢鱼块、 奶香浓郁的乳酪、 滑顺的小米粥， 就像是美味三重奏般， 滋味绝妙， 让人一吃就上瘾。

ℯ亩良田～～

樱花虾竹笋五谷炊饭

材　料　　樱花虾 1 大匙 （亦可用普通虾皮代替）、 五谷米 1 量米杯、
　　　　　竹笋 1 支、 香菇 3 朵、 杏鲍菇 1 根、 芹菜 1 根

调味料　　素蚝油 1 大匙

做　法

1. 竹笋煮熟后切成片状。 五谷米先浸泡 1.5 小时备用。
2. 杏鲍菇切片、 香菇切丝、 芹菜切丁。
3. 樱花虾先用少许油煸出香气备用。
4. 将浸泡好的五谷米加入 1.2 杯水， 放入电饭锅里， 并加入竹笋片、
   杏鲍菇片、 香菇丝、 素蚝油蒸熟。
5. 起锅后， 加入樱花虾、 芹菜丁拌匀即可。

美味小诀窍

这道炊饭， 虽然也可以像书中其他料理一样， 利用预熟过的五谷米调理， 方法是起油锅将配料炒熟后再拌入熟五谷米、 素蚝油同炒； 但由生米开始炊煮， 不但少油烟， 也更简单、 更美味哦！

周医师健康好周到

　　夏至节气的饮食要诀是 "苦"， 要多吃带有苦味的蔬菜， 可以帮助除燥祛湿、 清凉解暑、 促进食欲。 在这款创意料理当中， 就使用到 "竹笋" 这种略带苦味的蔬菜， 可以帮助我们对抗暑热伤害。 当竹笋遇见樱花虾， 一个是山珍， 一个是海味， 山珍海味， 就是最棒的季节旬味。

e畝良田～～

副菜 （2 人份）

五谷米丝瓜盅

材　料　　五谷米 2 大匙、 丝瓜 1/4 条、 白果 2 颗、 太白粉 1 小匙、
　　　　　鸡高汤 30ml

调味料　　盐巴、 胡椒、 香油各少许

做　法

1．五谷米预先蒸熟， 并拌入少许盐巴、胡椒调味。

2．丝瓜削皮切成环状， 将中心挖空， 然后将做法 1 填入， 蒸煮 10 分钟左右， 即可取出盛盘。

3．高汤加入太白粉拌匀， 加热煮成芡汁， 然后以少许盐、 香油调味后， 浇淋在做法 2 上面， 并以一颗白果点缀即完成。

周医师健康好周到

　　丝瓜是全株皆可入药的绿色保健蔬菜， 有清暑凉血、 解毒通便、 润肌美容的效果， 是夏至瓜族食物当道时不可错过的食材。 多吃丝瓜， 可使皮肤洁白细嫩， 搭配五谷米更是相得益彰。

越式红藜黄瓜春卷

材　料　越南春卷皮2张、 虾4尾、 黄瓜1小段、 圣女西红柿4颗、
　　　　红藜麦1小匙、 五谷米1大匙、 五谷粉1大匙、 小豆苗适
　　　　量、 苜蓿芽适量

调味料　鱼露1大匙、 生辣椒适量

做　法

A　沾酱的部分：

　　生辣椒切丁， 加入1大匙鱼露拌匀即可。

B　春卷的部分：

1．五谷米、 红藜麦预先蒸熟。

2．小豆苗、 苜蓿芽洗净沥干备用。 圣女
　　西红柿对切。

3．黄瓜先用水煮过， 冰镇后切成薄片。
　　虾烫熟后剥壳， 从中间片开备用。

4．越南春卷皮沾水后， 就会变成柔软有黏
　　性的饼皮， 然后将它铺在盘子上， 加
　　入适量的其余材料， 卷起后即完成。

5．请将春卷搭配做法A的沾酱享用。

 周医师健康好周到

　　这道料理以符合夏至节气养生需求的食材， 取代了传统越式春卷的馅
料。 黄瓜、 五谷米、 红藜麦、 圣女西红柿、 小豆苗、 苜蓿芽……五颜
六色， 丰富的多样性食材， 满足了夏至吃瓜和杂粮豆粥的养生需求。

汤品 （2 人份）

白胡椒姜丝鲜鱿汤

材　料　　鲜鱿鱼 6 尾、 白胡椒粒 1 小匙
　　　　　（台湾省可以用 "马告" 代替）
调味料　　姜丝、 盐巴、 米酒各少许

做　法

1. 新鲜鱿鱼洗净备用。

2. 白胡椒粒、 姜丝、 米酒加入清水中煮 5
   分钟。

3. 待姜丝出味后， 再把鲜鱿鱼加入汤中同
   煮 5 分钟。 过程中， 请将鱿鱼煮出来的
   浮泡捞除干净。

4. 起锅前， 以少许盐巴、 米酒调味
   即可。

周医师健康好周到

　　夏季多食用汤水粥品， 最有利于保健养生。 这道汤品味道清爽鲜
美、 营养丰富。 而台湾原住民语为 "马告" 的山胡椒， 具有生津止
渴、 增强食欲、 消解暑气等功效， 用在这道料理中更增添整体风味， 有
画龙点睛之妙。

豆乳桑葚香瓜汁

材 料　香瓜 1 颗、 桑葚半杯、 鲜奶油 2 大匙、 五谷粉少许

做 法

1. 香瓜洗干净后切成小块， 用果汁机打成果汁备用。
2. 用果汁机将桑葚打成果汁， 然后加入五谷粉， 搅拌成果泥。
3. 将鲜奶油打发。
4. 取透明果汁杯， 下层先加入桑葚果泥， 中层加入香瓜汁， 上层加入打发的鲜奶油， 并撒上一些五谷粉即完成。

周医师健康好周到

　　远在三千年前， 中国人就已经开始种植桑树， 食用桑葚。 医书记载： "桑葚其味甘酸， 性微寒， 入心、 肝、 肾经， 具有补肝益肾、 生津润肠、 乌发明目等功效。" 而香瓜这种当令水果， 也符合节气 "增苦尝鲜" 的养生原则， 与桑葚搭配十分得宜， 再加上五谷粉调和， 营养更丰富也更有滋味。

关键字：平心静气

宜　食：消暑汤、绿豆

慎　防：暑热上火

保　健：三伏贴

在小暑节气的保健方面，中医素有"冬病夏治"的说法，也就是在进入小暑节气以后，由于大自然阳气旺盛，而人体阳气也达到四季高峰，此时肌肤腠理开泄，可选取穴位敷贴，最容易让药效经由皮肤渗入经络，直达病处。

11

小暑篇

7月6日～7月8日

"幸有心期当小暑，葛衣纱帽望回车"

周医师健康加油站

清热去火， 确保心脏阳气旺盛

走过夏至， 来到了夏季的最后两个节气： 小暑和大暑。 中医称之为 "长夏"， 也是大家经常听到的 "三伏天"。

俗语说： "小暑大暑， 上蒸下煮。" 这意味着我们步入了一年当中最热的节气。 此时人体阳气最为旺盛， 到达顶峰。 而阳气在中医里又叫作 "卫阳" 或 "卫气"。 这里的 "卫" 是卫兵、 保卫的意思， 也就是说， 阳气好比人体的卫兵一样， 负责抵御一切外邪， 保障人体的安全。 一个人只要阳气旺盛， 就比较不容易生病。 然而困倦乏力、 心烦意乱， 几乎是每个人处在这个节气里的共同感受， 因此要特别注意 "清热去火"， 确保心脏阳气旺盛， 才能达到春夏养阳的目的。 努力做到 "平心静气"， 保持愉快稳定的心情， 切莫因为烦躁上火， 导致火上浇油， 结果得不偿失。

从西医角度来看， 小暑节气仍是心脏疾病的好发时节， 同时， 胃肠道疾病、 红眼症等细菌感染病、 空调病、 中暑症的患者也不少。 在炎炎夏日里， "消暑" 就成为我们在饮食上最渴望的需求， 此时推荐可多吃绿豆， 不仅能消暑， 还兼具清热解毒的效果； 而百合、 莲子等

食材， 具有清心安神功效； 薄荷茶、 菊花茶、 莲心茶、 金银花茶、 冬瓜茶、 苦瓜茶、 酸梅汤等， 也都是夏日常见的消暑汤饮。 俗谚说： "小暑黄鳝赛人参。" 黄鳝的蛋白质含量高， 营养丰富， 还能补中益气、 补肝脾， 是非常推荐的节气食材。 另外蛤蜊清热解毒、 滋阴明目， 也是时令养生好食材。

冬病夏治的最佳良机

起居上宜晚睡早起， 保健方面， 中医素有 "冬病夏治" 的说法， 也就是在进入小暑节气以后， 由于大自然阳气旺盛， 而人体阳气也达到四季高峰， 此时肌肤腠理开泄， 可选取穴位敷贴， 最容易让药效经由皮肤渗入经络， 直达病处。 所以此时是治疗一些每逢冬季发作的慢性疾病 （如慢性支气管炎、 肺气肿、 支气管炎、 过敏性鼻炎等） 的最佳良机。 冬病夏治最广为人知的例子是 "三伏贴"——顾名思义， 就是在三伏天 （"初伏日"、 "中伏日"、 "末伏日"， 大致是在七月中旬～八月中旬） 所进行的药物敷贴治疗， 有各种 "冬病" 症状的朋友不妨试试看。

主菜 （2 人份）

糙米莲子狮子头

材　料　　猪绞肉 （肥瘦比例 2：8）300g、 莲子 50g、 五谷米 1 大
　　　　　匙、 红藜麦 1 小匙、 鸡蛋 1 颗、 鸡高汤适量、 青菜数根、
　　　　　太白粉 1 小匙

调味料　　盐巴 1 小匙、 胡椒少许、 蚝油 1 大匙

做　法

1． 莲子、 五谷米、 红藜麦预先蒸熟备用。

2． 青菜烫熟后， 铺于盘底备用。

3． 猪绞肉加入半个鸡蛋、 盐巴搅拌均匀后， 拍打出弹性。 然后加入做
　　法 1， 再多拍打几次后， 搓挤成圆球状， 并以小火炸至定型。

4． 把狮子头加入鸡高汤中煨煮 20 分钟， 取出盛盘。

5． 另取一些鸡高汤， 加入蚝油煮滚后， 以太白粉水勾芡， 浇淋在狮子
　　头上， 并撒入少许红藜麦即可。

周医师健康好周到

　　在炎热的日子里， 很多人会感觉内心烦躁不安， 此时我们可借由调整
饮食， 让身体重新回到平衡状态。 像是在这道料理当中， 使用了莲子这
种食材， 最具养心安神、 滋补元气的效果。 搭配五谷米、 红藜麦做成狮
子头， 除了口感升级之外， 还可以补充能量， 让身体摆脱烦躁感。

e 亩良田～～

红曲南瓜粉蒸肉

材　料　　南瓜 1/4 颗、　排骨 200g、　红藜麦 1 小匙

调味料　　蒸肉粉适量、　红曲调味酱 1 大匙

做　法

1．将排骨加入红曲调味酱拌匀，　放入冰箱中腌渍隔夜。

2．南瓜洗净，　切块状。

3．将腌好的排骨取出，　均匀裹上蒸肉粉与红藜麦。

4．取一只空盘，　将南瓜铺在底部，　排骨放在上头，　置入蒸笼中。　大火
　　水滚后转小火，　蒸约 40 分钟即完成。

周医师健康好周到

　　所谓 "春吃芽，　夏吃瓜"，　在这道料理中，　就使用到瓜族中的 "南
瓜" 入菜，　能帮助补中益气、　清热解毒。　另外，　红曲也是非常推荐的
健康调味品，　能帮助降血脂、　降胆固醇、　降血压。　用红曲、　南瓜搭配
粉蒸肉，　不但能消除暑热，　还有肉质的营养蛋白补充，　是一道非常推荐
的料理。

亩良田

糙米鱼香茄子

材　　料　　绞肉 100g、 茄子
1 个、 糙米 1 大
匙、 红藜麦 1 小
匙、 荞麦仁 1 小
匙、 鸡高汤 1/2 量
米杯、 太白粉 1 小匙

调味料　　蚝油 1 小匙、 糖 1 小匙、 酱油 1/2 小匙、 辣豆瓣酱 1 小匙；
胡椒、 盐巴各少许

做　法

1. 糙米、 荞麦仁预先蒸熟。 红藜麦以少许油炸出酥脆感。

2. 茄子切成滚刀片， 放入盐水中余煮后， 取出沥干， 排盘。

3. 绞肉先入锅干炒至颜色反白后， 加入糙米、 荞麦仁续炒， 再以蚝
油、 辣豆瓣酱、 酱油、 糖、 胡椒调味。

4. 将鸡高汤加入做法 3 中煮开， 并以太白粉水勾芡后， 浇淋在茄子上
头， 并撒上红藜麦即可。

周医师健康好周到

　　小暑养生讲究 "平心静气"， 最忌暑热烦躁导致心神不宁。 在糙米
中的米糠和胚芽， 含有丰富维生素 B 群与维生素 E， 不但可提高人体免疫
力， 还能帮助消除沮丧烦躁的情绪， 使人再度充满活力。

副菜 （2 人份）

南瓜奶酪酱佐杂粮面包

材 料

A： 高筋面粉 300g、 速发酵母 3g、 盐 6g、 细砂糖 12g、 奶粉 6g、 水 200ml

B： 五谷米 1/2 量米杯 （预熟后放凉）、 综合坚果适量、 奶油 12g

C： 蛋白液、 综合坚果适量

沾 酱 南瓜 100g、 鲜奶油 100ml、 马扎瑞拉乳酪 80g（做法： 南瓜蒸熟去皮后， 加入鲜奶油打成汁， 再加入马扎瑞拉乳酪拌煮至融化即可）

做 法

1. 先将材料 A 全部一起搅拌成团， 然后加入材料 B 的奶油继续揉搓至表面光亮。 再将其余材料 B 加入面团中， 揉捏至材料均匀分布在面团之中。

2. 静置 1 小时， 待发酵至体积膨胀成原本的两倍大。 然后将发酵好的面团再次揉捏整型， 静置 10 分钟松弛。

3. 将松弛好的面团擀开， 排除多余空气， 然后再度揉成圆球状。

4. 烤模内侧先刷上一层薄薄的色拉油预防沾黏， 然后将面团放入中央， 静置约 40 分钟做二度发酵， 待体积膨胀两倍大即完成。

5. 于发酵好的面团表面， 刷上一层蛋白液， 沾取综合坚果后置入烤箱。 以上火 200℃、 下火 160℃烤 15 分钟左右。 取出后切片搭配酱汁享用。

周医师健康好周到

　　这道料理粗粮细做， 把各种粗粮与白面粉组合在一起， 既能发挥高营养价值的优点， 又能改变粗粮口感不佳的缺点， 两者互补，1+1>2。

芡实玉米海菜莲藕汤

材　料　　莲藕半根、 玉米 1 根、 芡实 1 大匙、 海菜少许

调味料　　盐巴、 胡椒、 糖各少许； 鸡高汤 500ml

 周医师健康好周到

做　法

1. 莲藕切片、 玉米切块。

2. 取汤锅将鸡高汤煮开后， 放入莲藕、 玉米、 芡实， 转中小火续煮 20 分钟。

3. 加入海菜续煮 3 分钟。

4. 用少许盐巴、 胡椒、 糖调味即可。

　　小暑天气炎热， 容易使人出现心烦不安、 疲倦乏力等症状。 而这道汤品中的莲藕， 有清热养血、 除烦安神、 改善睡眠的效果， 可说是一帖天然良方。 另外， 芡实当中含有丰富淀粉、 维生素、 矿物质， 可收敛镇静、 补脾除湿。 将上述两种食材和玉米、 海菜一起煮成汤品， 营养丰富、 味道鲜美， 推荐给大家在炎炎夏日里享用。

芝麻五谷香瓜汁

材　料　　香瓜 1/4、 五谷粉 1 小匙、 黑芝麻 1/2 小匙
调味料　　糖适量

做　法

1. 香瓜可依个人喜好的甜度拌入一些糖， 再用果汁机打成果汁后， 分成两份。

2. 取一份香瓜汁作为基底， 加入五谷粉、 黑芝麻， 用果汁机打成具有稠度的芝麻五谷浆。

3. 取透明果汁杯， 先倒入另一份香瓜汁。

4. 然后上层再缓缓倒入芝麻五谷浆， 即可做出具分层视觉效果的饮品。

 周医师健康好周到

　　芝麻、 五谷均属粗粮。 在黑芝麻当中， 含有丰富的不饱和脂肪酸、膳食纤维与维生素 E， 具有抗氧化、 益肝补肾、 养血润燥、 乌发的效果， 是一种兼具保健与美容效果的食材， 与当令水果洋香瓜搭配， 既美味又健康。

关键字： 勿动肝火
宜　食： 绿豆
慎　防： 情绪中暑
保　健： 食用黄芪粥

大暑节气高温炎热，易动肝火，所以人们经常处于心烦意乱、无精打采、思维紊乱、食欲不振、焦虑急躁的状态下，仿佛情绪也跟着一起"中暑"了！因此，"防暑降温"可说是平安度过大暑节气的一帖特效药。

12

大暑篇

7 月 22 日 ~ 7 月 24 日

"小暑大暑，有米也懒煮"

周医师健康加油站

"防暑降温" 是大暑节气的一帖良方

"烈日炎炎似火烧"，大暑正值中伏前后，是全年温度最高、阳气最盛的时节。此时心气往往容易损耗，尤其是老人、孩童、体弱气虚者，往往难以抵御酷热而导致中暑。此外，高温炎热，易动肝火，所以人们经常处于心烦意乱、无精打采、思维紊乱、食欲不振、急躁焦虑的状态下，仿佛情绪也跟着一起 "中暑" 了！因此，"防暑降温" 可说是平安度过大暑节气的一帖良方。

想要防治 "情绪中暑"，就要做到心平气和，勿动肝火。大暑时节每每大汗淋漓，且暑易伤气，加上胃肠功能低落，此时 "吃粥" 最能减少肠胃负担，像是绿豆百合粥、西瓜翠衣粥、薏米小豆粥、茯苓山药粥，都是相当推荐的粥品。其中，"绿豆" 是当之无愧的消暑之王，在大暑时节可以煮一锅绿豆汤随时享用。日常生活方面，要避免在烈日下活动，注意室内降温，确保睡眠充足，多喝温开水。想要散步或做运动，也请选择在早晚温度较低时进行。

食用 "黄芪粥" 补中益气, 增强免疫力

保健养生方面, 宜食用 "黄芪粥" 补中益气。 煮黄芪粥时, 要注意黄芪本身是不能直接吃下肚的, 而是要把黄芪以中药 "三煎三煮" 的方法熬成药汁, 然后用这个药汁来煮粥。

步骤1: 取大约30克黄芪, 加入10倍清水浸泡半小时后, 连同清水一起烧开, 以中火煮30分钟后, 将药汁沥出备用。 步骤2: 再加入等量清水烧开后, 以中火煮15分钟, 再次沥出药汁。 步骤3: 重复步骤2的动作。 步骤4: 将煮过的黄芪药渣捞出扔除, 然后把三次煮好的药汁全部倒在一起, 放入约100克的白米, 一起熬煮成稀粥即完成。

黄芪粥的补气效果很强, 最适宜早上食用。 吃完之后, 一整天都会感觉精神十足。 在上述配方中, 黄芪的用量并不多, 搭配白米熬粥, 属于温和平补的性质, 在暑气湿重的季节里, 大部分的人都可以吃上一点。 特别是气弱体虚的朋友, 若能在三伏期间保持每天食用黄芪粥来补中益气、 增强免疫力的习惯, 到了秋冬季节自然就不容易生病了。

主菜 （2 人份）

鲜鱿玉米黄金粥

材　料　　鲜鱿鱼 1 尾、　虾仁 100g、　玉米粒 1 大匙、　鸡高汤 500ml、
　　　　　小米 1 量米杯、　葱 1 根、　樱花虾适量　（普通虾皮亦可代替）
调味料　　盐巴、　胡椒各少许

做　法

1．小米预先蒸熟。　葱切末。　樱花虾先以少许油煸出香气。

2．虾仁挑去肠泥，　洗净后沥干。　鲜鱿鱼洗净后切成圈状。

3．把处理好的虾仁、　鲜鱿鱼，　加入鸡高汤里煮熟后，　捞取出备用。

4．将小米、　玉米粒倒进鸡高汤里煨煮成粥，　然后再加入煮好的做法 3
　　拌匀。

5．加入少许盐巴、　胡椒调味，　盛入碗中，　并撒上葱花、　樱花虾即
　　完成。

周医师健康好周到

　　时序进入大暑，　在饮食的调理方面，　需要多补充水分。　此时我们可
以吃一些粥品，　像是这道鲜鱿玉米黄金粥，　就结合了海味的鲜甜，　玉米
和小米的营养，　再搭配上樱花虾的香气，　即使炎炎夏日，　也能使人胃口
大开。

主菜 （2 人份）

莲藕花生糙米石榴包

材　料　莲藕 1/2 根、 南瓜 1 小块、 花生 50g、 糙米 1/2 量米杯、 润
　　　　饼皮 2 张、 鸡高汤 500ml、 水莲梗 2 根、 小片生菜叶 2 片
调味料　盐巴、 胡椒各少许

做　法

1．糙米、 南瓜、 花生预先蒸熟。 莲藕切成和花生大小相当的颗粒状。

2．将糙米、 花生、 莲藕加入 400ml 的鸡高汤中， 煨煮至浓稠， 并以少
　　许盐巴、 胡椒调味， 将汤汁收干。

3．取一空碗， 先放进润饼皮， 然后包入做法 2， 并以水莲梗绑住封口。

4．将蒸熟的南瓜压成泥， 加入剩下的鸡高汤煮成酱汁后， 铺在盘子底
　　部， 再摆上做法 3， 并以生菜叶点缀即可。

周医师健康好周到

　　莲藕能补养气血、 养心安神。 花生又名 "长生果"， 含维生素
B6、 泛酸、 烟碱酸以及多元不饱和脂肪酸， 能帮助缓和情绪。 糙米含
泛酸、 叶酸以及生物素， 同样能达到稳定情绪的效果。 将这三种食材组
合在一起， 就像组成了一支 "快乐阵线联盟"——包在润饼皮里大口享
用， 感觉一切幸福美好尽在其中。

五谷养生馒头

材 料

A： 五谷米 3 大匙、 速发酵母 2g

B： 中筋面粉 200g、 水 110ml、 砂糖 10g、 橄榄油 10g、 盐 1/6 小匙

C： 枸杞少许、 黑芝麻 1/4 小匙、 南瓜子 1 小匙、 葡萄干 （或蔓越莓干） 1 大匙

做 法

1. 五谷米预先蒸熟放凉备用。 材料 C 均分为 4 等份备用。

2. 将材料 B 全部和在钢盆中搅拌均匀， 再加入材料 A， 揉成不黏手的光滑面团。

3. 将面团整成圆形， 然后用钢盆或保鲜膜覆盖， 静置发酵至体积膨胀成原本的两倍大 （约 30 分钟）。

4. 将面团揉搓成光滑长条状， 切成 4 等份。 然后在每一份面团当中， 各加入 1 份材料 C， 揉捏成圆形面团。

5. 蒸盘铺上烘焙纸预防沾黏， 然后将圆形面团放入蒸盘中排好， 静置约 30 ～ 40 分钟做二度发酵 （体积再膨胀两倍大）。

6. 水烧开后放入蒸笼当中， 以小火蒸约 20 分钟即可。

 周医师健康好周到

　　这道五谷养生馒头用料丰富， 把五谷米、 黑芝麻、 南瓜子、 枸杞、 果干与白面粉混合揉制， 既能在成品中发挥粗粮高营养价值的优点， 又能改变口感粗糙的缺点， 让人一口就吃进各种谷类的营养精华。

糙米鱼汁空心菜

材　料　　鱼碎肉 100g、 空心菜 1 把、 糙米 1 大匙、 蒜瓣 2 片

调味料　　柴鱼酱油 1 大匙、 鸡高汤 60ml

做　法

1. 糙米预先蒸熟。 空心菜烫熟盛盘备用。

2. 蒜末先入锅爆香， 加入柴鱼酱油、 鸡高汤、 鱼碎肉一起煮 5 分钟。

3. 加入糙米拌匀、 吸附鱼肉汤汁精华后， 浇淋在空心菜上即完成。

 周医师健康好周到

　　糙米能帮助我们在炎炎暑热中消除沮丧烦躁的情绪， 使人重新充满活力。 空心菜属凉性蔬菜， 适用于夏日清热解暑， 搭配鱼肉口感清爽、 营养丰富， 鲜美的鱼汁也非常下饭。

饮品 （2 人份）

杏仁五谷豆浆饮

材　料　南北杏仁 2 大匙、 美国杏仁 5 颗、 五谷粉 2 小匙、 豆浆
　　　　500ml
调味料　糖适量

做　法

1. 豆浆中加入南北杏仁， 用果汁机打成汁。 过滤掉残渣后煮滚。
2. 在做法 1 当中， 加入五谷粉拌匀增加浓稠感， 倒入玻璃杯中待用。
3. 美国杏仁先烘烤过， 然后用果汁机打成碎颗粒状， 撒在做法 2 的表面即完成。
4. 喜好较甜口感者， 可加入适量糖拌匀后享用。

周医师健康好周到

　　这是一款极佳的大暑养生补钙饮品。 豆浆营养丰富， 钙含量高， 尤其适合因乳糖不耐受而无法饮用牛奶者。 饮品中添加五谷粉、 南北杏仁， 让味道变得更丰富、 更有层次， 香气和浓稠感也同步升级。 建议可再加入绿豆， 更能收清热解暑效果。

大麦决明子牛蒡饮

材　料　　大麦决明子茶包1份、 牛蒡1支

做　法

1. 将牛蒡清洗干净， 切片， 加水煮30分钟， 即为牛蒡汁。

2. 熄火后， 放入大麦决明子茶包， 焖泡约20分钟即完成。

美味小诀窍

在中药行可以买到大麦决明子的配方， 老板会用茶包帮你分装好。 回家后可以一次煮较多的量， 用水壶装起来保存在冰箱里， 要饮用前再加热即可。

 周医师健康好周到

　　大麦是理想的保健食材， 具有 "三高二低" 的特点——高蛋白、 高膳食纤维、 高维生素； 低脂肪、 低糖。 在这道饮品中， 大麦可以帮助消渴除热、 去除暑气； 决明子能清肝明目、 润肠通便； 再搭配有改善体内循环、 促进新陈代谢效果的牛蒡， 堪称炎炎夏日的最佳补水良伴。